진료실에 숨은 의학의 역사

메스, 백신, 마취제에 담긴 의학사

곰곰

머리말

놀라운 이야기가 흘러넘치는 의학의 역사

나는 자칭 '진료실의 고고학자'다. 내가 만든 신종 직업이다. 좁은 진료실에 갇혀 지내는 일상이 답답해 어느 날 주위를 둘러싼 의료 기구들에 관심을 가지기 시작했다. 신경 진찰용 망치는 누가 처음 쓴 거지? 최초의 청진기는 어떤 모양이었을까? 초음파는 누가 어떻게 발명했나? 그런 호기심이 진료실 문을 열고 멀리 날아가 질병과 치료의 역사에 가닿았고, 마침내 닥터 헬리콥터 등 첨단의학에 이르렀다. 그 답을 발굴해 나간 결과가 이 책이다.

왜 의학의 역사 이야기를 읽어야 할까? 첫 번째, 의학사는 아주 흥미진진하다. 새 학설을 두고 다투는 경쟁자 간의 살벌한 승부, 해부할 시신이 부족해지자 숨을 거둔 가족의 몸을 연 해부학자, 수천 번의 시행착오 끝에 찾아낸 신약, 새로운 검사법을 발견한 당돌한 의과대학 학생, 식민지였던 인도에서 영국의 심장부로 퍼져 나간 풍토병, 수많은 생명을 살릴 기술을 발견했지만 사회적 편견과 싸움을 벌여야 했던 선구자들……. 의학이라는 이름 아래 놀랍고 재미난 이야기가 흘러넘친다.

두 번째, 의학의 역사를 아는 것은 인간의 생사를 좌우하는 의학을 이해하는 가장 좋은 방법이다. 철학, 경제, 예술의 역사는 꿰고 있는데 의학사를 모른다면 의료 현장의 현재와 미래를 가늠할 수 없다. 기적의 신약을 발견했다고 외치는 사이비 치료사나 매출을 먼저 생각하는 일부 쇼닥터의 감언이설에 속아 넘어가기도 쉽다. 의학사는 현대인이 갖추어야 할 교양 차원을 넘어서 생존의 기술이다.

의학의 역사에는 수만 가지의 이야기가 있지만, 이 책은 극히 일부만 다루었다. 너무 잘 알려진 이야기들은 빼고 청소년 독자들이 상식 차원에서 알면 좋을 것, 이왕이면 학습에도 도움이 되는 것, 의학을 조금 다른 관점에서 볼 수 있는 것들로 채웠다. 솔직히 말하면 어떤 이야기들은 조금 어렵다. 이를테면 백신, 유전, 면역 같은 내용 말이다. 하지만 당장 세세하게 이해하지 못하더라도 다양한 의료 현장을 살펴보며 의학사의 큰 흐름을 알 수 있도록 했다. 이 책을 읽고 나면 의학에 관해 나름의 '식견'이 생길 것이다. 기사와 뉴스를 비롯해 전문가의 의견도 수월하게 이해할 수 있으리라. 이를 통해 환자, 보호자, 혹은 예비 의료인으로서 생각의 폭을 넓히는 데 도움이 된다면 더없이 기쁘겠다.

집필을 제안해 주고 열성적으로 책을 만들어 준 휴머니스트 편집부에 감사드린다. 멋진 닥터 헬기 사진을 보내 주신 아주대학교

병원 내분비내과 김대중 교수님, 왁스먼연구소의 사진을 보내 주신 런던 위생·열대의학 대학원의 홍근혜 님께도 감사드린다. 세계 곳곳을 누비며 아빠를 위해 사진 촬영과 자료 수집에 수고를 아끼지 않은 딸 여정과 아들 준영, 그리고 언제나 내 이야기의 애청자가 되길 마다하지 않은 아내 수경에게 고맙고 사랑한다는 말을 전한다.

2022년 한라산 기슭에서

박지욱

차례

Part 3 사소하고 위대한 의학 기술

Part 4 오늘의 병원, 내일의 병원

Part 1

인체의 비밀과 의학의 발전

1장

신선한 시체를 구합니다

인체 해부

찰스 옹게나, 〈안드레아스 베살리우스의 초상화〉(1841)

"이곳은 죽음이 삶을 기꺼이 돕는 곳이다."

— 파리의 어느 해부실에 걸린 글귀[1]

"나는 책이 아니라 해부를 통해
그리고 철학자의 교리가 아니라 자연의 구조로부터
해부학을 배우고 가르치겠다고 공언한다."

— 윌리엄 하비[2]

"해부해 보셨어요?"

내가 의과대학 학생이 되어 가장 많이 받은 질문이다. "네!"라고 대답하면 사람들은 금세 혐오스러운 눈으로 보았고, "아뇨, 아직." 이라고 말하면 '에이, 아직 진짜 의대생이 아니네.'라고 생각하는 티가 역력했다. 그만큼 인체 해부는 의사의 자격을 얻는 중요한 관문으로 여겨진다. 그렇다면 해부는 언제부터 시작되었을까? 또 언제부터 의학의 일부가 되었을까?

해부학의 새벽

인체 '해부'의 기원은 기원전 3000년에서 기원후 500년까지 만들어진 이집트의 미라에서 찾을 성싶다. 고대 이집트인들은 사람이 죽더라도 나중에 원래의 몸으로 부활한다고 믿었다. 그래서 망자의 시신이 부패하지 않도록 잘 보존하려고 했다.

하지만 우리의 몸은 숨을 거둔 그 시각부터 부패하기 시작한다. 단 며칠만 가만두어도 시신은 형체를 알아볼 수 없을 정도로 변한다. 그래서 부패하기 쉬운 내장을 조심스럽게 들어내어 따로 보관하고 나머지 신체 부위를 방부 처리하여 잘 보존한 것이 오늘날 우리가 박물관에서 만나는 미라이다.

미라를 만든 기술자들은 인체 해부의 대가였다. 하지만 그들의 손기술은 해부학 수준에 이르지는 못했고, 의학과도 아무런 상관이 없었다. 당시의 치료사들은 신에게 간절히 기도해야 환자를 치료할 수 있다고 생각했다. 영적인 힘을 빌려야 환자를 치료할 수 있다고 믿었기 때문에 해부학을 공부할 필요가 없었다.

기원전 2~3세기에 이집트의 알렉산드리아에서 잠시 인체해부학 연구가 있었다. 하지만 로마가 이집트를 정복한 후 해부학은 종말을 맞았다. 이러한 기조는 중세 유럽까지 이어졌다. 중세의 치료사들도 교회에서 신의 이름으로 치료를 했기 때문에 신학이 중요하지 해부학은 하등 중요하지 않다고 생각했다. 더구나 기독교는 부활 신앙의 교리를 근거로 시신에 칼을 대는 행위를 신성모독으로 보고 금지했다.

의사들은 하는 수 없이 동물을 해부해 인체의 구조를 끼워 맞추

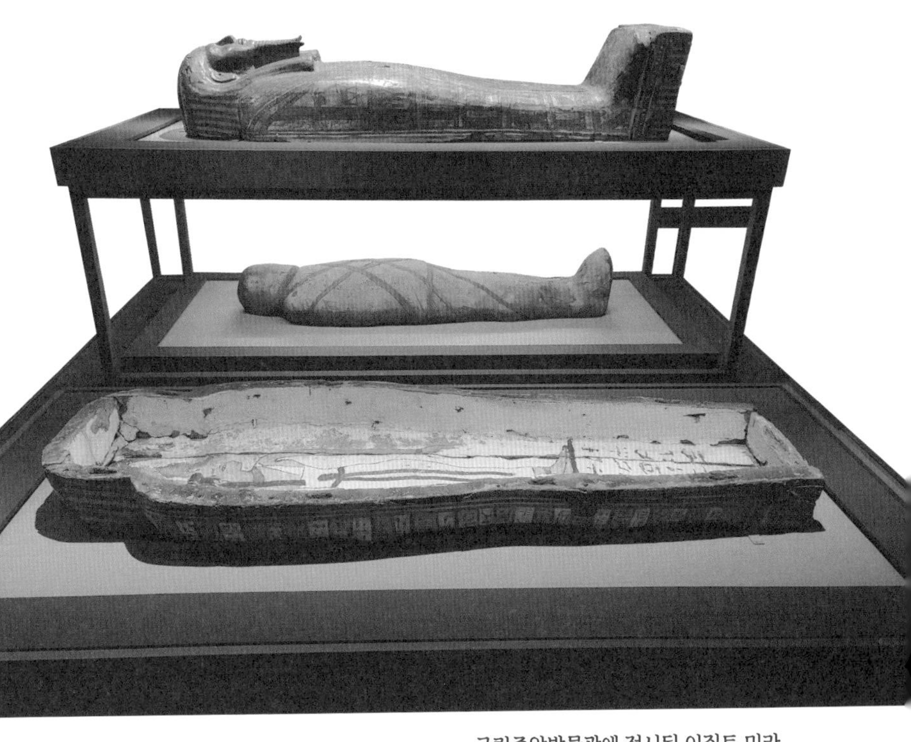

국립중앙박물관에 전시된 이집트 미라.

었다. (지금도 의대생들은 인체해부학을 배우기 전에 동물을 먼저 해부해 보는 비교해부학 수업을 듣는다.) 동물의 몸으로 인체를 추정하는 것은 불완전하고 한계가 많을 수밖에 없었다.

베살리우스, 해부학을 되살리다

'되살아남'을 뜻하는 유럽의 '르네상스' 시대(14~16세기), 해부학도 1500년 만에 부활했다. 살인자의 손에 죽은 피살자의 사인을 밝히거나 흉악범들을 단죄할 목적으로 교회는 해부를 허용했다. 약으로 치료하는 내과 의사(physician)보다는 손에 피를 묻히는 것도 마다하지 않는 외과 의사(surgeon)가 당연히 인체 해부에 열의를 보였다.

15세기 중엽에는 이탈리아 파도바 대학에 해부학 수업을 위한 극장식 강의실(해부 극장)이 세워졌다. 차세대 의학 교육의 상징이 된 이 강의실은 벨기에 출신의 해부학자 겸 외과 의사 안드레아스 베살리우스(1514~1564)가 세웠다.

'현대 해부학의 아버지'로 불리는 베살리우스는 직접 인체를 해부해 인간과 동물의 몸이 뒤섞여 있던 해부학에서 인간의 몸을 온전히 분리했다. 베살리우스의 손을 통해 인류는 처음으로 자신의 몸을 제대로 알게 되었다.

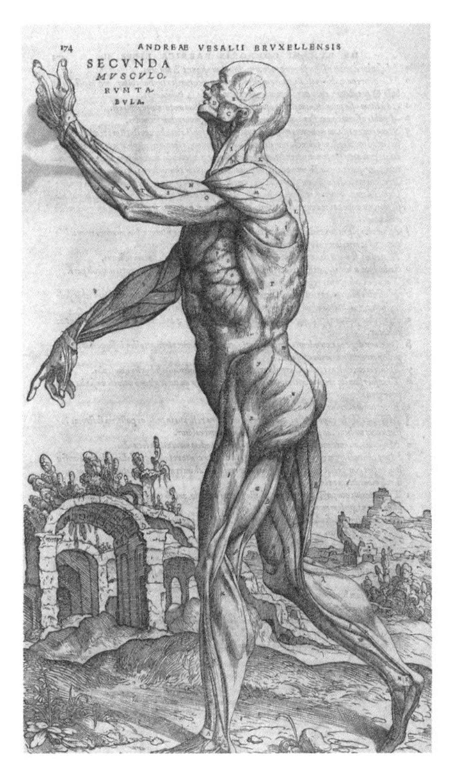

베살리우스의 《사람 몸의 구조》(1543)에 실린 그림.

200년이 지나면 베살리우스의 후계자 격인 이탈리아의 해부학자 조반니 바티스타 모르가니(1682~1771)가 몸의 구조만 익히는 해부학이 아닌 질병을 찾아내는 해부학을 시작한다. 모르가니는 환자가 살아 있을 때 나타난 증상을 잘 기록해 두었다가 환자가 숨을 거두면 그 몸을 열어 환자를 죽음에 이르게 한 질병이 시체의 어느 기관에 있는지 해부해 찾았다.

모르가니는 이렇게 평생 600구가 넘는 시신을 해부해 몸속에 숨어 있던 질병의 단서를 찾았다. 범인이 현장에 남겨 둔 흔적으로 그를 뒤쫓는 탐정처럼 말이다. 베살리우스가 '정상' 인체의 해부를 밝혀 두었기에, 모르가니는 그 토대 위에서 비정상, 즉 '병든' 몸을 구별할 수 있었다.

그의 연구를 통해 의사들은 환자의 증상을 잘 듣고 진찰한 후 몸의 어느 곳에 무슨 병이 있는지 추측하게 되었다. 이렇게 질병을 해부한 모르가니를 '병리해부학의 아버지'라고 부른다.

해부학의 부흥기

18세기 들어 해부는 제대로 자리를 잡았다. (시간이 조금 걸리긴 했지만 17세기부터 해부학과 병리해부학은 서서히 의학의 한 분야로 어엿하게 자리를 잡는다.) 의사, 학생 모두 기회가 되면 해부를 하기 시작한다. 하지만 문제가 있었다. 시신이 부족했다.

생명의 숨결이 사라진 몸은 서서히 부패하기 시작한다. 부패한 시신은 해부하기에 적당하지 않다. 해부에 적당한 시신은 죽은 지 얼마 되지 않은 신선한(?) 시신으로, 이를 카데바(cadaver)라고 부른다. 그런데 카데바를 구하는 일은 상당히 어려웠다. 그래서 열정적인 의사 중에는 가족의 시신도 낭비하지 않고(?) 해부한 다음 장례를 치르는 이도 있었다.

이처럼 의사들이 신선한 시신에 목을 매자 1752년에 영국 정부는 해부형(解剖刑) 법을 만들어 처형된 흉악범들의 시신을 의사들에게 내주었다. 의사들에겐 연구를, 범죄자들에겐 경종을 울리는 일거양득의 효과를 노렸다. 그리고 한발 더 나아가 흉악범 시신의 해부 현장을 대중에게 공개했다. 공개 해부는 인기가 아주 좋은 볼거리였다.

하지만 경범죄자에게도 내려지던 사형 선고는 인권 의식이 높아지면서 많이 줄어들었다. 18세기 영국에서 사형 집행이 급감해 연평균 55건 정도에 머무르자 의사들은 다시 볼멘소리를 내기 시작했다. 시신의 품귀 현상 때문에 사설 해부 학교에서는 카데바로 등록금을 대신하는 상황까지 이르렀다. 그러자 가난한 학생들은 학비를 벌려고 한밤중에 삽과 곡괭이를 들고 묘지로 나갔다. 학생들뿐만 아니라 의사에게 시신을 팔아넘겨 큰돈을 벌고 싶은 사람들도 이 일에 가세했다.

묘지의 평화와 망자의 안식을 깨는 불경스러운 사태가 비일비재하자 유족들은 자구책을 마련한다. 도굴꾼들이 열 수 없는 특수한 관을 만들거나 가족들이 돌아가며 묘지를 지키기도 했다. 시신이 부패하기 시작해 도굴꾼들이 찾아오지 않을 때까지 말이다. 그러다가 결국 끔찍한 사건이 터져 세상을 발칵 뒤집어 놓는다.

1828년 영국 북부 스코틀랜드에 있는 에든버러에서 한 여관 주인이 투숙객 열여섯 명을 자신의 손으로 살해하여 에든버러 의과대학 소속의 의사에게 팔아넘긴 엽기적인 사건이 세상에 알려진다. '웨스트포트 연쇄 살인'으로 알려진 이 사건의 진상이 밝혀지자 살인범은 물론이고 수상한 시신을 아무 거리낌 없이 넘겨받은 저명한 외과 의사 모두 한통속이라는 손가락질을 받는다. 연쇄 살인의 주범은 사형에 더해 해부형을 받은 후 지금도 에든버러 의과대학 박물관에 골격 표본으로 전시되고 있다.

이 사건을 계기로 1832년 영국 정부는 의사들이 정상적으로 해부를 할 수 있도록 해부법을 제정한다. 이후로는 시신을 거둘 가족이 없거나 장례를 치를 돈이 없는 사망자의 시신에 한해 의사들이 장례를 치러 주는 조건으로 해부할 수 있게 되었다. 하지만 20세기 초까지도 저명한 의사가 연구를 핑계로 시신과 그 일부를 훔치는 경우가 있었다.

한편 병원 제도가 발전한 프랑스 파리에서는 병원에서 숨을 거둔 환자들은 자연스럽게 담당의가 부검하는 전통이 생겼다. 부검을 통해 의사는 증상의 원인은 무엇인지, 진단은 맞는지, 병은 결국 어떻게 진행하여 죽음에 이르게 하는지를 연구했다.

이렇게 환자의 상태를 꼼꼼히 관찰하여 기록하고(임상 관찰) 그것을 부검 소견과 꼼꼼히 대조해 가면서 환자를 진료하는 기술은 점점 발전하게 된다. 살아 있는 환자를 보는 임상의학은 죽은 이를 해부하는 부검의학에 큰 빚을 지고 있다.

1858년 영국에서는 외과 의사이자 해부학자인 헨리 그레이(1827~1861)가 글을 쓰고 헨리 밴다이크 카터(1831~1897)가 그림을 그린 《그레이 아나토미》가 출판된다. 2020년에 42판이 나온 이 해부학 책은 지금도 의대생들이 애용할 정도로 인기가 많다.

19세기 말에서 20세기까지는 해부용 시체를 보존하는 기술이 발달했다. 시체에 방부제 처리를 하거나 시체를 냉장 보관해 더 오랜 기간 사용할 수 있게 했다. 20세기 말에는 컴퓨터 기술의 발달로 영상으로도 해부학을 배울 수 있게 되었다.

해부만을 위한 인체해부학이 아니다

인체해부학의 미래는 어떤 모습일까? 정보 통신 기술의 발전으로 미래의 학생들은 3D 시뮬레이터 안에서 가상현실(VR) 고글을 끼고 해부학을 익힐 수도 있을 것이다. 어쩌면 시신 없는 인체해부학을 배울지도 모르겠다.

하지만 그날이 오기 전까지는 여전히 시신을 앞에 두고 자신의 손으로 해부를 하며 인체의 구석구석을 탐험해야 한다. 학기를 끝마치고 해부학 시험을 통과하면 다시는 해부를 안 해도 된다는 사실에 한시름을 놓을 테다. 하지만 세월이 한참 지난 어느 날 해부대에 누워 있는 자신의 모습에 화들짝 놀라 깨는 악몽을 꿀지도 모른다.

의대생들에게도 인체 해부는 학창 시절에 남는 큰 트라우마 중 하나이다. 감정이 있는 인간이라면 당연히 견디기 어려운 일이다. 그런데도 의대 교육이 사라지지 않는 한 실제 시신과 씨름하는 인체해부학은 명맥을 이어 나갈 것이다. 의사로서 인체의 구조를 알아야 한다는 것 말고도 중요한 이유가 있다.

죽음이라는 실체와 그토록 가깝고도 오랜 시간을 버려 내면 죽음에 대한 막연한 공포가 사라진다. 앞으로 환자를 보며 만날 수많은 죽음에 대한 일종의 예방주사가 된다는 말이다. 그리고 학생들은 싫든 좋든 한 학기 안에 주어진 카데바를 완전히 해체해야 한다. 혼자서는 절대 할 수 없는 일이기에 동료들과 힘을 모아야 한다. 자연히 협동심이 길러진다. 또 인체해부학 수업이 시작되기 전 겨울방학에 학생들은 소그룹을 꾸려 선배들에게 뼈 해부학(골학 骨學)를 배우게 된다. 이를 통해 가르치는 자와 배우는 자의 윤리도 생긴다.

이 모두 의사로 일하는 동안 지녀야 할 아주 중요한 자질이다.

의학 연구에 몸을 기증하신 분들을 기리는 고려대학교 의과대학 감은탑(感恩塔).
기증자의 이름이 밝혀져 있다.

고 보는 것은 인체해부학과 실습이라는 어둡고 칙칙한 공간에서 얻는다. 하나의 신비로운 통과의례다. 그러니 해부학 수업이 의학 수업의 상징이라는 말이 틀린 말은 아니다. 앞으로도 계속 그럴 것이다.

함께 생각해 볼 거리

- 드라큘라나 뱀파이어 영화는 어떤 역사적 사건을 소재로 했을까? 한밤중에 묘지를 서성이는 이는 누구일까?
- 의학이나 과학 발전을 위한다는 이유로 비윤리적인 연구를 하는 것은 정당한가? 예를 들어 보자.
- 의과대학 해부학 실습실에 표어를 하나 걸어 둔다면 어떤 격언이 좋을까?

함께 읽을 책

- 안드레아스 베살리우스, 《사람 몸의 구조》. 원전 그대로의 그림을 살려 낸 문고판이다.
- 빌 헤이스, 《해부학자》. 《그레이 해부학》을 쓰고 그린 그레이와 카터의 이야기다.
- 마크 트웨인, 《톰 소여의 모험》. 톰 소여가 도망 다닌 이유가 시신 도굴꾼 인디언 조의 살인 현장을 목격했기 때문이다.

함께 감상할 작품

- 렘브란트, 〈니콜라스 튈프 박사의 해부학 강의〉. 당시 해부 장면을 사실적으로 표현한 명화.
- 로버트 와이즈, 〈신체 강탈자〉. 시신 도굴꾼과 외과 의사의 이야기를 담은 영화.

함께 가 볼 곳

- 의과대학에 가면 해부학 연구를 위해 몸을 기증해 주신 분들에게 감사하며 명복을 비는 추모 공간이 있다. 근처에 있는 의대를 한번 방문해 보자.

2장

극장에서 상연된 드라마

외과 수술

어니스트 보드, 〈전쟁터에서 다리 절단 수술을 집도하는 1552년의 앙브루아즈 파레〉(1913).

"수술대 위에 누운 사람은
워털루 전투에 참전한 영국 병사보다 죽을 가능성이 높다."

— 19세기 수술의 위험에 관한 스코틀랜드 의사의 의견[1]

"현명하고도 인간적인 외과의라면
가슴, 배, 머리 수술은 하지 않을 것이다."

— 영국 런던의 저명한 외과의 존 에릭슨[2]

영국 런던의 서더크에는 올드오퍼레이팅시어터(The Old Operating Theatre)라는 박물관이 있다. 옛 세인트토머스병원의 수술(극)장으로 보존 상태가 아주 좋다. 무대(?)의 한가운데 놓인 낡은 나무 수술대 앞에 서면 본 적도 없는 200년 전의 수술 장면이 눈앞에 그려지는 듯하다.

환자를 부여잡는 억센 어깨들, 톱과 칼이 제 할 일을 해치우는 소리, 피를 쏟으며 잘려 나가는 팔다리, 수술을 끝낸 의사의 득의만만한 미소, 관객들의 갈채와 환호……. 이 극장에서 상연된 가장 극적인 드라마는 바로 수술이었다.

하지만 환자 입장에서는 어땠을까? 맨정신에 생살과 뼈가 잘리고, 의료진들은 고통에 떨리는 몸을 움직이지도 못하게 붙잡는다. 불길한 피비린내와 외마디 비명으로 가득 찬 이 공포 영화와도 같

런던의 올드오퍼레이팅시어터박물관.

은 경험이 고진감래의 휴먼 드라마로 바뀐 것은 불과 200여 년밖에 안 된다. 외과의 역사를 알면 누구나 이런 생각이 들 것이다. 다행이다, 그때 태어나지 않아서!

고대와 중세의 외과

런던의 한 의학 박물관에는 머리 꼭대기에 구멍이 뻥 뚫린 두개골이 있다. 전문가들에 따르면 이 두개골의 주인은 이 구멍 때문에 죽은 것이 아니다. 치료나 제사를 위해 머리에 구멍을 뚫는 시술(두개 천공술)을 받은 이 두개골의 주인은 수술 후에도 한참을 산 것으로 추정된다. 지금으로부터 수천 년 전인 신석기 시대부터 뇌 수술을 했다는 말이다.

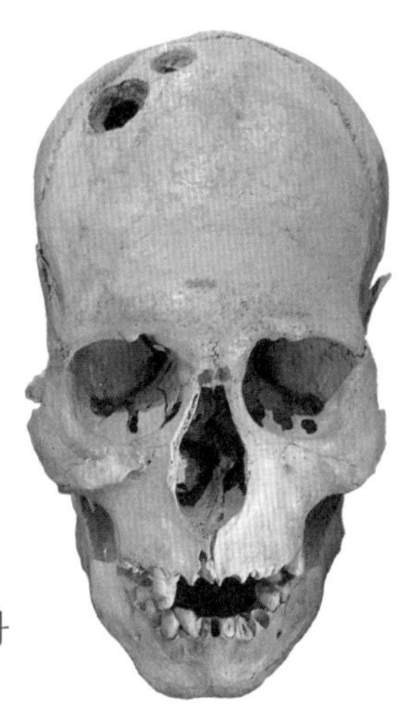

두개 천공술을 받은 흔적이 남은 두개골. 런던 과학박물관.

고대의 수술에 관한 기록은 이외에도 많이 남아 있다. 기원전 18세기의 바빌로니아에서 만든 함무라비법전에는 최초의 '의료법' 조항이 있다. 외과 의사가 상처와 골절, 고름을 치료했고, 수술의 결과에 따라 후한 경제적 보상을 받거나 가혹한 처벌을 받았다는 내용이 법으로 기록되어 있다. 기원전 15세기에 쓰인 이집트의 파피루스에도 마흔여덟 가지의 외과 수술에 관한 기록이 나온다.

기원전 4~5세기의 '히포크라테스(기원전 460?~기원전 377?)의 선서'에는 (제정신이 있는) 의사라면 방광에 생긴 돌(결석) 제거 수술을 자기 손으로 하지 말라는 말이 나온다. 너무나도 끔찍하고 실패율도 높았기 때문일 것이다. 고대 로마의 황제 아우렐리우스(121~180)의 시의(侍醫)가 된 갈레노스(129?~199?)는 상처를 입은 검투사를 수술하며 외과술을 익혔다고 한다. 수술의 오랜 역사를 짐작할 수 있다.

중세 유럽에서는 고등교육을 독점한 수도사들이 의사 일을 했다. 기독교에서는 병에 걸리는 것이 죄를 지었기 때문이거나 신의 뜻이라고 가르쳤다. 그러므로 치료에는 속죄와 기도, 신의 대리인인 사제가 베푸는 은총이 필수적이었다.

하지만 12~13세기에는 성직자들에게 의료 행위 금지령이 떨어진다. 교황은 몸보다 정신의 구원이 우선하고, 피를 보면서 치료하는 일은 사제의 일이 아니라며 사제들에게 손에 피를 묻히지 말 것을 주문했다. 만약 성직자가 치료하던 환자가 죽기라도 하면 파문까지 당했다. 이때부터 고름을 짜고, 피를 뽑고, 상처에 붕대를 감는 일은 면도칼, 가위 등을 재주 있게 다루는 이발사의 손으로 넘어간다. 이들은 사혈, 부항, 발치, 그리고 절단 수술까지 시행하며 한동안 외과 의사의 역할을 했다. 이들을 이발수술사(barber-surgeon)라고도 한다.

전쟁과 외과의 발전

히포크라테스는 "수술을 하고 싶으면 전쟁터로 가라."고 했다. 전쟁의 유일한 장점은 외과의 발전이라는 말도 있다. 전쟁 중에는 새로운 과학 기술의 도입과 발전이 빨라져 이전보다 강력한 살상

무기가 나오고, 이 신종 무기는 사람에게 더 심각한 상처를 입힌다. 이런 상황은 외과 의사에게 큰 도전이다. 의사들은 가능한 치료법을 모두 동원하고, 심지어는 없는 치료법도 만든다. 전쟁이 끝나면 새로운 치료법은 민간에도 보급된다. 이처럼 전쟁은 의과학 발전의 보이지 않는 채찍이었다.

화약 무기가 등장하기 전에는 시대와 전장이 달라도 부상병들의 상처는 크게 다르지 않았다. 칼에 베이거나 창 또는 활에 찔린 자상, 곤봉에 맞은 찰과상, 골절 같은 부상이 일반적이었다. 외과 의사는 상처를 소독하고, 연고(당시의 연고는 특별한 치료 효과도 없었지만 해롭지는 않았다)를 바르고, 붕대를 감아 주며, 부러진 팔다리는 부목을 덧대었다. 피가 나면 그 자리를 누르고(압박), 피가 멎지 않으면 불에 달군 쇠로 지졌다(소작).

15세기에 화약 무기가 전장에 등장하자 전장의 풍경은 물론이고 부상의 형태도 크게 달라졌다. 화약 무기의 강력한 폭발력 때문에 사람의 몸에 커다란 구멍이 생기고, 피부가 찢어졌다. 뜨겁고 해로운 파편이 몸속 깊숙이 박혔다. 의사가 갖은 기술을 다 발휘해 병사를 살려 낸다 해도 상처는 곪고 썩었다. 당시의 의사들은 화약의 고약한 독이 몸에 퍼진 것으로 보았다. 그래서 화약 독을 없애겠다며 뜨거운 인두로 상처를 지지고 거기에 펄펄 끓는 기름을 들이부었다. 치료 자체가 무척 해로웠다.

16세기에 활동한 프랑스 외과 의사 앙브루아즈 파레(1510~1590)는 부상병들에게 들이부을 뜨거운 기름이 동나자 하는 수 없이 달걀노른자와 장미 기름, 그리고 송진을 섞어 만든 고약을 발라 주었다. 그런데 끓인 기름으로 상처를 '튀기는' 것보다 '다독여 주는' 이 임기응변의 치료법이 훨씬 더 낫다는 사실을 알았다.

이후로도 파레는 몸에 박힌 총알을 찾아내는 법이나 혈관을 묶어(결찰) 지혈하는 법을 개발했고, 팔다리가 절단된 환자들을 위한 보조기도 만들었다. 그는 과거의 대가들이 남긴 책을 맹목적으로 추종하지 않고 비판적 시각을 가지고 검증하거나 새로운 기술을

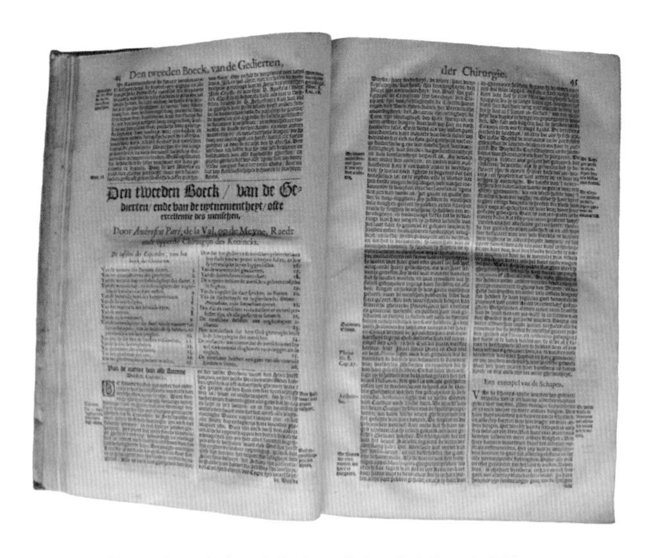
Den tweeden Boeck, van de Gedierten,

der Chirurgie.

앙브루아즈 파레, 《외과 치료 전집》 네덜란드어 판본(1649).

만들어 외과 수술을 한 단계 끌어올렸다. 전 생애를 치료와 연구에 몸 바친 그는 16세기 르네상스 외과의 가장 빛나는 별이 되어 근대 외과학의 첫발자국을 남겼다.

파레의 치료법은 상처를 잘 아물도록 도와주었지만, 심각한 상처에 뒤따르는 감염 문제는 해결하지 못했다. 상처 입은 팔다리가 고약한 냄새를 풍기며 검게 변하면 잘라 내는 것 말고는 달리 치료법이 없었다. 마취도 없던 시대의 사지 절단은 극형과 다름없어서 의사들은 고통을 줄이려고 수술을 재빨리 끝내야 했다.

제1차 세계대전은 마취 기술이 발달하고 소독이 대중화된 후 맞은 첫 대규모 전쟁이었다. 덕분에 병원의 수술실에서는 감염이 쫓겨났다. 하지만 전쟁터에서는 그렇지 않았다. 병사들은 진흙 구덩이를 구르며 온갖 오물을 뒤집어썼다. 일상생활을 하며 다치는 것과 전쟁터에서 칼에 찔리는 것은 하늘과 땅만큼 차이가 났다. 부상은 곧 감염으로 이어졌다. 야전병원의 의사가 아무리 소독을 잘해도 상처는 감염되었다.

게다가 이전의 전쟁들과 비교할 수 없을 정도로 부상의 정도가 컸다. 새로 개발된 고성능 폭탄은 인체를 야만스럽게 찢어발겼다. 더하여 전쟁터인 플랑드르 지역의 흙 속에 있던 헤아릴 수 없이 많은 세균이 부상병들의 몸속에 촘촘히 박혔다. 상처에는 가스괴저(공기가 없는 곳에 사는 세균에 감염된 것이 원인으로 조직이 검게 썩으며 가스가 생긴다)가 생기고 곧 패혈증으로 진행되어 병사의 목숨을 앗아 갔다.

혐기성(嫌氣性, 공기를 싫어하는 성질) 세균에 대한 치료제는 아직 없던 시절이라 야전병원의 외과 의사들은 문제의 균이 끔찍이도 싫어하는 공기를 이용해 균을 살균하기로 했다. 먼저 너덜너덜한 상처 조직을 과감히 도려내고, 그 자리에 거즈를 덮어 공기 중에 노출하고 닷새를 기다렸다. 감염이 없는 것을 확인하면 그때 상처를 꿰맸다.

계몽 시대를 거쳐 변혁의 시대로

의료 수준이 국력을 반영한다면 18세기의 의료 수준은 영국이 최고였다. 그리고 영국을 대표하는 외과의는 존 헌터(1728~1793)였다. 그는 평생 수술은 말할 것도 없고 연구와 실험에 열중했다. 헌터는 철저한 실험 정신으로 무장하고 실제 치료가 된다는 증거가 없는 외과 이론을 추방했다. 그는 동물 실험을 수없이 많이 했고, 연구를 하려고 일부러 성병 환자의 체액을 자신의 몸에 주입하기도 했다. 최초로 인공수정에 성공한 의사도 헌터였다. 헌터는 도제에게 전수하는 손기술에 불과한 외과학을 어엿한 과학의 반열에 올려놓았다. 그 덕분에 의학은 내과와 외과라는 두 날개를 달고 날아오를 수 있게 되었다.

19세기, 외과의 비약적 발전

1860년대 프랑스의 화학자이자 미생물학자인 루이 파스퇴르(1822~1895)는 세균이 질병의 원인이라는 사실을 발견했고, 1865년에 영국의 외과 의사인 조지프 리스터(1827~1912)는 상처에서 세균을 차단하는 소독법을 수술에 도입했다. 19세기 후반의 수술장으로 시간 여행을 가 보자. 환자는 마취제로 잠들어 있고, 수술 부위는 소독한다. 의료진은 멸균된 가운을 입고 마스크와 모자를 쓴 채 뜨거운 증기로 소독한 기구로 수술을 한다. 수술실의 공기도 깨끗하게 관리되고, 의사의 정신을 산만하게 할 관람객은 수술실에 얼씬도 하지 못한다. 오늘날의 수술실 풍경과 크게 다르지 않다.

19세기의 마지막 30년 동안 외과 역사에서 전무후무한 도전이 시작된다. 오스트리아 빈 대학의 외과학 교수로 재직하던 테오도르 빌로트(1829~1894)는 1881년에 처음으로 위암 수술에 성공한다. 이 무렵 독일과 오스트리아의 외과의들은 신장암(1870)과 직장암(1878)을 떼어 내는 수술에도 성공한다.

장중첩증(장이 꼬이는 병, 1871), 자궁외임신(1883), 충수돌기염(흔히 맹장염, 1890), 위장 천공(궤양 등으로 위장에 구멍이 생기는 병, 1892), 외상으로 파열된 비장을 잘라 내는 수술(1893)도 이 무렵에 성공한다. 담석과 탈장도 수술이 가능해진 것이 이때다.

스위스의 외과 의사 에밀 테오도어 코허(1841~1917)는 갑상선의 생리·병리 및 외과의 연구에 대한 공적으로 노벨 생리 의학상을 받았다. 유방암 수술은 언제나 재발과 전이가 문제였기에 미국의 외과 의사 윌리엄 할스테드(1852~1922)는 암세포를 극단적으로 많이 잘라 내는 수술을 시작했다. 하지만 환자의 고통은 컸고 효과는 별로였다. 오늘날에는 암세포를 조금만 잘라 내고 방사선치료, 화학 치료, 호르몬 치료를 추가한다.

20세기, 전문 수술의 발전

20세기에 접어들면서 수십 년 동안 수술은 눈부시게 발전한다. 이제 외과 수술은 단순히 칼로 자르고 붙이고 종양을 없애는 수준에서 벗어나 정상 인체 기능을 회복하고 원상태로 복원하려는 노력으로 나아간다.

지혈을 위해 혈관을 묶어 주는 수준이었던 혈관 수술은 1897년이 되면 총탄으로 찢어진 혈관을 복구하기 시작하며 혈관외과로 거듭난다. 1953년이 되면 사망률이 높은 대동맥류(기형의 일종으로 가슴과 배를 지나는 대동맥 혈관 일부가 풍선처럼 부풀어 터지는 병)까지 수술한다.

테오도르 빌로트는 "심장 수술은 수술을 악용하는 사례다."라고 말했다. 19세기 말까지만 해도 심장은 함부로 칼을 대서는 안

되는 불가침의 영역이었던 것이다. 하지만 20세기 외과 의사들은 그 영역에 도전하기 시작한다. 1896년에 처음으로 심근 봉합 수술에 성공해 50년이 지난 제2차 세계대전 후에는 무리 없이 판막 수술을 하는 수준이 된다. 심장 수술의 결정적인 전기는 1953년에 나온 인공 심폐기가 마련해 주었다. 혈액순환을 이 기계에 맡겨 놓고, 심장은 멈추게 했다. 덕분에 비교적 자유롭게 심장에 칼을 대고 바느질을 할 수 있었다.

폐암을 잘라 내는 수술은 1933년에 처음 시작했다. 폐 수술은 기압 문제가 큰 장벽이었다. 대기압보다 가슴 안의 압력이 조금 낮기 때문에, 가슴에 칼을 대는 순간 공기가 쏟아져 들어가 폐를 순식간에 짜부라뜨려 환자를 질식시켰다. 독일의 외과학 교수 에른스트 페르디난트 자우어브루흐(1875~1951)는 저기압 수술실을 만들어 압력 문제를 해결하고 흉부외과의 창시자로 등극했다. 신경외과는 영국의 생리학자이자 외과 의사인 빅터 호슬리(1857~1916)가 개척했고, 미국의 신경외과 의사 하비 쿠싱(1869~1939)이 토대를 잡았다. 동맥이 막혀 협심증이나 심장마비를 일으키는 관상동맥(심장동맥) 질환을 해결하려고 막힌 동맥을 정맥으로 갈아 끼우는 수술, 풍선을 넣어 넓히는 시술(풍선 확장술)을 거쳐, 오늘날에는 혈관 지지대인 스텐트를 삽입하는 시술로 바뀌었다.

프랑스의 생물학자이자 외과 의사인 알렉시 카렐(1873~1944)은 성공한 혈관 이음 수술법을 개발해 노벨 생리 의학상을 받았다. 이것은 장기 이식에 필요한 기술이었다. 하지만 당시에는 이식을 잘해도 거부반응이 생겨 이식 수술은 막다른 골목에 갇혔다. 제2차 세계대전 동안 거부반응의 원인이 바로 면역 작용이란 것을 알았다. 1954년에 유전자가 같은 일란성 쌍둥이 사이에 처음으로 거부반응 없이 신장을 이식해 냈다. 1962년에는 면역억제제를 이용해 거부반응을 억누르면서 일란성 쌍둥이가 아니어도 장기 공여를 할 수 있게 되었다.

1967년 남아프리카공화국에서는 처음으로 인간 심장 이식에 성공했다. 지금은 신장이나 심장, 폐, 간을 이식하는 수술이 드문 일도 아니다. 당뇨병 환자들도 췌장 이식을 받고 있다. 소장 이식 연구는 아직 진행 중이다.

21세기는 사람 손으로 만든 인공 장기의 이식 시대가 열리고 있다. 인공 심장은 이미 1963년에 개발해 1983년에 처음으로 사람 몸에 들어갔다. 심부전 환자는 일종의 인공 신장인 혈액 투석기의 도움을 정기적으로 받는다. 체내 삽입형 인공 신장도 연구 중이다.

미래의 외과는 어떤 모습일까? 암 수술, 혈관 수술, 장기 이식, 인공물 장착 수술, 외상 수술, 내시경 수술 등 정교한 손재주가 필요한 수술이 미래의 주요 수술이 될 것이다. AI나 로봇 기술이 발전하고 있지만, 당분간은 의사의 손이 수술의 필수불가결한 요소로 건재할 것이라 생각한다. 만약 수술장에서 의사의 손이 사라지는 날, 외과를 의미하는 'surgery'(그리스어로 '손이 하는 치료'라는 뜻이다)는 그 이름을 바꾸어야 하지 않을까?

함께 생각해 볼 거리

- 외과라는 이름은 어떻게 붙었을까?
- 과거에 내과 의사는 외과 의사를 '무식한 칼잡이'라고 업신여겼다. 내과와 더불어 외과가 의학으로 어깨를 나란히 하게 된 것은 누구의 공이 클까?
- 인간 생명을 다루는 외과 의사는 의료계에서도 3D 직종으로 여겨진다. 뜻을 가진 젊은 의학도들은 외과 의사의 길을 포기한다. 외과를 장려하기 위해 우리 사회는 어떤 노력을 해 볼 수 있을까?

함께 읽을 책

- 에리히 마리아 레마르크, 《개선문》. 제2차 세계대전 직전 파리에서 얼굴 없는 의사로 일하는 망명객 외과의가 겪는 의료 현장 이야기. 동명의 영화도 있다.
- 이용각, 《갑자생 의사》. 일제 강점기에 의학 교육을 받고 광복과 동시에 의사가 되어 우리 현대사의 격변기를 겪은 외과 의사의 회고록. 우리나라 최초로 신장 이식에 성공했고 혈관 외과를 개척했다.

함께 감상할 작품

- 피터 위어, 〈마스터 앤드 커맨더〉. 19세기 초 영국 해군 군의관의 활약상을 담은 영화로 마취 없던 시대의 수술 장면을 보여 준다. 당시 영국 외과 의사는 해군에서 일하는 것을 최고로 쳤다.
- 17~18세기 프랑스 음악가 마랭 마레의 〈Le Tableau de l'Opération de la Taille(절제 수술대)〉. 1725년에 방광 결석 제거 수술을 받고 그 끔찍한 체험과 회복의 기쁨을 음악으로 남겼다.

3장

피, 석유보다 값진 액체

수혈

마티아스 고트프리드 푸르만, 〈로어의 수혈〉(1667).

"수혈은 한없이 더디게 진행되는 것 같았고, 레기나는 까무러칠 것 같은 피곤함을 느꼈다. 그렇지만 감각이 느껴지지 않는 오른팔에서 갑자기 피가 거세게 흘러나오고, 그녀의 피가 맥박 치며 유리관에 고이기 시작할 때마다 매번 피곤함이 가셨다."

— 하인리히 뵐, 《천사는 침묵했다》[1]

"피란 아주 특이한 액체지요."

— 요한 볼프강 폰 괴테, 《파우스트》[2]

현대인들은 웬만해서는 다른 사람의 피를 마시려 하지 않겠지만, 고대인들은 원기와 젊음, 용기를 얻으려고 동물은 물론 청년 혹은 검투사의 피를 마셨다. 몸에는 여러 종류의 액체가 있는데 그중 하나인 피를 곧 생명력으로 본 것이다. 피에 대한 관심 덕분에 수혈은 생각보다 일찍 시도되었지만, 제대로 된 수혈이 가능해진 때는 지금으로부터 불과 80여 년 전에 불과하다.

수혈 역사의 새벽

역사상 최초의 수혈은 1666년에 영국의 리처드 로어(1631~1691)가 시도했다. 영국 옥스퍼드의 의사였던 그는 거의 죽을 만큼 피를 흘린 개에게 멀쩡한 개의 피를 수혈해 살려 냈다. (개의 혈액형은 열세

기적인데 상당히 운이 좋았다!)

이듬해 프랑스 파리에서는 루이 14세의 주치의인 장밥티스트 드니(1643~1704)가 실성한 남자에게 송아지의 피를 수혈했다. 사람에게 처음으로 동물의 피를 수혈한 경우이다. 환자는 수혈 부작용을 겪었지만 다행히 목숨을 건졌다. 이후로 드니를 좇아 사람에게 동물의 피를 수혈하는 의사들이 유럽 도처에서 나왔다. 당연한 일이지만 수혈 후 죽는 사람이 생겼다. 그러자 학계와 종교계가 나서 천만다행으로(!) 수혈을 금지했다.

150년이 지나면서 수혈은 긴 잠에서 깨어난다. 영국 런던의 산부인과 의사 제임스 블런델(1791~1878)은 산후 과다 출혈로 목숨을 잃는 가련한 산모들을 살리려고 여러 사람의 피를 뽑아 수혈해 주었다. 첫 번째 시도는 실패했지만 굴하지 않고 이후로 11년 동안 열 명의 산모에게 수혈해 다섯 명을 살렸다. 그의 성공에 고무되어 다시 유럽에서 수백 건의 수혈이 시도되었지만, 수혈 사망률은 무려 56퍼센트나 되었다!

수혈에 대한 부정적인 여론이 다시 일었고, 명망 있는 의사들은 수혈을 말리고 나섰다. 간신히 소생한 수혈법은 19세기와 함께 막을 내릴 것만 같았다. 그런데 반전이 있었다.

혈액형의 발견

20세기가 문을 연 1900년, 오스트리아 빈의 병리학자 카를 란트슈타이너(1868~1943)는 시험관에서 피를 넣어 섞어 보다가 이상한 현상을 발견한다. 서로 다른 사람의 피를 섞으면 엉겨 붙을 때도 있고 아닐 때도 있었다. 이것이 궁금해서 란트슈타이너는 '혈액 응집'을 연구한다. 일단 자신과 동료들의 피를 뽑아서 적혈구와 혈장을 '분리'한 후 서로 섞어 응집이 생기는지 관찰했다.

같은 사람의 적혈구와 혈장을 섞을 때는 당연히 엉기지 않았다. 하지만 다른 사람의 몸에서 나온 것들을 섞을 때 반드시 엉기는 것도 아니었다. 언뜻 보면 일관성이 없었다.

하지만 표를 만들어 정리해 보니 그룹이 나뉘는 듯했다. 란트슈타이너는 참가자를 세 그룹으로 나누고, 각각을 A, B, C 그룹으로 칭했다. 그 누구의 혈장과도 응집되지 않는 란트슈타이너 자신의 적혈구는 일단 C그룹으로 분류했다(나중에 O형으로 불리게 된다). ABO 혈액형 체계는 이렇게 탄생했다. (란트슈타이너의 동료 중에는 없었지만 이후 다른 학자들이 두 종류 혈장 모두에 반응하는 그룹을 발견하여 AB로 명명한다.)

란트슈타이너가 보기에는 이것은 항원-항체 반응, 즉 면역 현상이었다. 다시 말하면 수혈받은 사람의 혈장 속에 있는 항체가 수혈된 피의 적혈구에 있는 항원을 공격해 엉겨 붙어 응집이 일어나는 것이었다. 그는 이 현상 때문에 수혈 후 사망할 수도 있다고 생각한다. 반면에 수혈 후에도 멀쩡한 사람은 순전히 운이 좋아서라는 결론을 내린다.

같은 해 란트슈타이너는 혈액의 화학적 반응에 관해 논문을 발표한다. 하지만 별다른 호응을 얻지 못한다. 수혈은 19세기의 낡고 위험하기 짝이 없는 의학 시술로 여겨진 탓일 것이다.

교차 적합 시험의 등장

미국 뉴욕의 의사 루벤 오텐버그(1882~1959)는 수혈 전에 '줄 사람 피와 받을 사람 피를 미리 섞어 본' 다음 응집 반응이 없을 때만 수혈했다. 그의 신중함은 놀라운 결과를 가져왔다. 125명이 수혈을 받았지만 문제가 생긴 사람은 단 한 명도 없었다. (무작정 수혈했을 때는 사망률이 56퍼센트였다는 것을 기억하라!)

지금도 의사들이 사용하는 이 검사는 수혈 전 '교차 적합 시험(cross matching)'이라고 부른다. 사실상 안전한 수혈에 성공한 사람은 오텐버그가 처음이었다. 아, 왜 진작 이런 생각을 못했을까?

수혈이 안전해지자 의사들도 미심쩍은 눈초리를 접었다. 1920년대에 ABO 혈액형 체계가 잡히고, 1930년에 란트슈타이너가 ABO 혈액형의 발견 공로로 때늦은 노벨 생리 의학상을 받는다.

당시의 수혈 풍경은 지금과 매우 달랐다. ABO 혈액형을 확인한 후 사전 교차 시험을 마친 두 사람이 각각 침대에 나란히 누으면 두 사람의 혈관이 관으로 이어졌다. 주는 쪽은 동맥 혈관, 받는 쪽은 정맥 혈관에 연결했다. 꼭지를 열면 피가 흘러가서 안전하게 수혈이 되었다. 이 정도만 해도 엄청난 발전이었다.

하지만 어려움도 있었다. 피를 주고받는 당사자가 동시에 현장에 있어야 했고, 피가 필요할 때 혈액형이 맞는 사람을 얼른 불러와야 했다. 지금처럼 통신 기술이 발전한 시대가 아니었기에 여간 어려운 일이 아니었다. 필요한 피를 미리 구해 놓으면 가장 좋겠지만, 당시 기술로 피는 보관할 수 없었다. 피는 뽑아 놓으면 금방 굳어지기 때문이다(응고). 딱딱한 피는 수혈할 수 없었다. 이 문제는 1915년에 리처드 루이슨(1875~1961)이 0.2퍼센트의 구연산나트륨을 혈액에 첨가하는 것으로 해결했다.

헌혈, 혈액은행, 혈장 수혈

여전히 해결되지 않는 문제는 피를 줄 사람을 제시간에 불러오는 것이었다. 피가 필요하면 의사들은 주변 사람들에게 수혈을 부탁하는 수밖에 없었는데 쉬운 일이 아니었다. 이를 해결하려고 1922년에 런던의 적십자를 필두로 여러 봉사 단체가 연락이 오면 언제든

날려와 피를 내줄 사람들을 모았다. 이렇게 최초의 자원 헌혈 서비스가 시작되었다.

수혈도 안전해졌고 피를 기증해줄 사람도 확보되었으니 이게 끝일까? 아니다. 피는 언제나 부족했다. 피는 수단과 방법을 가리지 않고 많이 모을수록 좋았다. 가능하다면 여유 있을 때 미리 모아 두었다가 필요할 때 빼 쓰면 좋지 않을까? 그러려면 피를 보관할 수 있어야 했다.

1930년에 모스크바에서 소련(지금의 러시아) 최고의 외과 의사 세르게이 유딘(1891~1954)이 죽은 사람의 몸에서 빼낸 피를 한동안 저장해 두었다가 필요한 사람에게 수혈했다. 죽은 사람이라 해도 피까지 금방 죽은 것은 아니기 때문이다. 그는 죽은 사람이나 산 사람이나 가리지 않고 '미리' 피를 뽑아 보관해 둔 후 필요할 때 꺼내 쓰는 '혈액은행'의 개념을 만들었다. 보관한 피는 캔에 담아 필요한 곳으로 보낼 수도 있었다. 제2차 세계대전이 터지기 전인 1930년에 소련은 다른 나라가 넘볼 수 없는 수혈 선진국으로 우뚝 섰다.

그 무렵, 에스파냐내란(1936~1939)이 터진다. 에스파냐의 의사 프레데릭 듀란호르다(1905~1957)는 바르셀로나에 대규모 혈액은행을 세우고 누구에게나 수혈 가능한 O형 혈액을 뽑은 후 유리병에 담아 전선으로 보냈다. 피가 가장 많이 필요한 곳인 전쟁터에서도 수혈이 시작되었다.

제2차 세계대전 중 영국의 수혈 캠페인 포스터.

ABO형 구별, 사전 교차 시험, 응고 방지제, 사전 채혈, 일정 기간 보관, 장거리 수송……. 이제 수혈에서 더는 아쉬움이 없는 것 같았다. 하지만 아니었다. 엉뚱한 곳에서 발전의 싹이 텄다.

유럽에서 제2차 세계대전이 터지자 대서양 건너편 미국은 영국에 전쟁 물자와 함께 피를 보내 주었다. 그런데 피(전혈全血, whole blood)는 장거리 수송 중에 못 쓰게 되는 경우가 많았다. 그래서 전혈에서 분리한 노란 액체인 혈장을 보냈다. 피를 뽑아 세워 두면 아래로 세포 성분이 가라앉고 위로 물 성분이 뜨는데, 윗부분의 맑은 물을 혈장이라고 한다. (혈장 속에 혈액 응고 성분인 피브리노겐을 없애고 남은 것을 혈청이라 한다.) 혈장은 저장성과 내구성이 좋았고, 혈액형과 관계없이 수혈할 수 있었다.

나중에는 혈장을 잘 말려 가루로 만들어 캔에 넣어 보내는 기술도 개발되었다. 이렇듯 제2차 세계대전은 수혈 의학 발전에 큰 계기를 마련했다.

수혈을 통한 감염

전쟁이 끝난 후에도 수혈의 중요성은 줄어들지 않았다. 오히려 한 방울의 피라도 아껴 쓰려고 피를 성분별로 분리해 쓰는 성분 수혈 기술이 발전했다. 예컨대 전혈 4파인트 정도면 빈혈 환자 네 명에게 각각 1파인트씩 수혈해 줄 수 있는데, 적혈구와 혈장으로 그 성분을 나누어 수혈하면 네 명에겐 적혈구를, 두 명에겐 혈장을 수혈할 수 있다.

이렇게 필요한 성분에 맞추어 수혈하면 네 명에게 돌아갈 전혈로 스물세 명의 환자가 쓸 수도 있다. 피를 분리하는 기술은 나날이 발전하여 혈장 속에서 알부민, 피브린, 감마글로불린, 혈우병 환자를 위한 응혈제, 혈액형 검사용 시약 등등도 뽑아냈다. 피 한 방울마저 버리는 법이 없이 알뜰하게 쓴 것이다.

피는 석유보다도 더 값진 액체가 되었다. 석유 회사들이 유전에서 '검은 황금'을 채굴한다면 제약 회사들은 사람 혈관에서 '붉은 황금'을 채굴했다. 많은 제약 회사가 이 사업에 앞을 다투어 진출했다. 그들은 '매혈 센터'를 통해 돈을 주고 피를 사들였다.

하지만 피를 파는 사람은 가난하고 건강하지 못한 사람들이 대다수였고, 적절한 검사도 없이 마구잡이로 피를 모으다 보니 금세 부작용이 나타났다. 수혈받은 후에 간염이나 에이즈 같은 감염병에 걸리는 사람들이 생겨났던 것이다.

물론 지금은 감염병을 차단하기 위한 사전 검사가 엄격히 이루어진다. 위와 같은 감염병이 있는 사람 외에도 건선·여드름·전립선비대증 치료제 등 특정 약물을 먹는 사람은 헌혈할 수 없다는 것을 기억하자.

우리나라 헌혈의 현실

2020년 한 해 동안 우리 국민 261만 명이 헌혈했다. 16~19세 헌혈자가 50만 명을 넘겨 헌혈 인구의 19.5퍼센트를 차지했다. 헌혈을 가장 많이 하는 연령대는 전체의 36.2퍼센트를 차지하는 20대이다. 하지만 10대의 경우 만 16세부터 헌혈할 수 있음에도 상당히 높은 비율을 차지하는 것을 보면 고등학생들은 우리나라 헌혈의 기둥이나 다름없다.

고등학생들이 헌혈 전선의 선두로 나선 것은 아는 사람은 다 아는 이유, 바로 헌혈하면 봉사 시간을 인정받기 때문이다. 고등학생은 1년 동안 스무 시간 이상의 봉사를 해야 하는데 헌혈 한 번으로 네 시간을 채울 수 있다. 그래서 고등학교에 헌혈 버스가 서 있는 것이다.

방학이 되어 학생들의 헌혈이 줄어들면 그 자리를 메우는 것은 군인이다. 사실 우리나라 헌혈의 60퍼센트는 단체 헌혈이고, 그중 70퍼센트는 학생과 군인이 한다. 하지만 코로나19의 직격탄을 맞은 2020년, 고등학생 헌혈자 비율이 2019년의 20.5퍼센트에서 12.4퍼센트로 급감해 혈액은 금세 바닥이 났다. 그러자 이번에는 병원에서 환자나 가족이 직접 헌혈자를 구해 오는 '지정 헌혈'이 시행된다고 한다. 헌혈 문화가 70년 전으로 되돌아가는 퇴행의 징

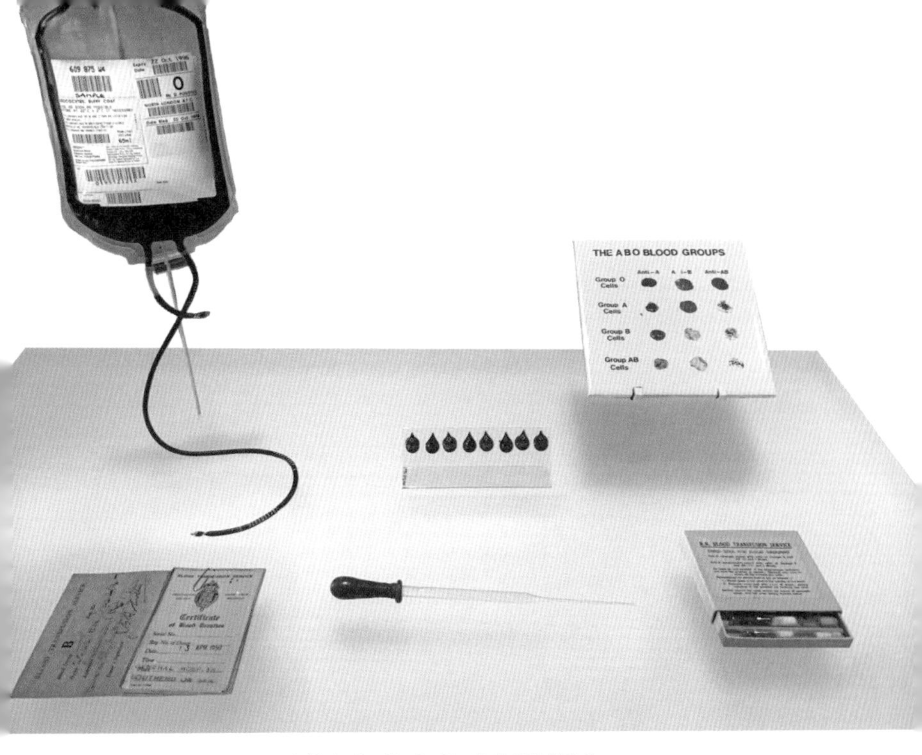

수혈에 필요한 기구들. 런던과학박물관.

조이다.

이래저래 '젊은 피'에게 기댈 수밖에 없는 현실이 미안하고도 부끄럽다.

함께 생각해 볼 거리

- 우리 가족의 혈액형은 무엇일까?
- 가장 흔한 혈액형과 가장 드문 혈액형은 무엇일까?
- 혈액형은 적혈구 표면의 항원에 따라 결정된다. 혈액형과 성격이 관련이 있을까?
- 우리나라의 적정 혈액 보유량은 며칠 분일까? 실제로 그만큼의 혈액을 보유하고 있을까?

함께 감상할 작품

- 리처드 이어, 〈칠드런 액트〉. 백혈병에 걸렸지만 종교적인 이유로 수혈을 거부하는 소년과 강제 수혈을 선고해야 하는 판사의 이야기를 담은 영화.

함께 가 볼 곳

- 헌혈의 집이나 헌혈 버스.

4장

나와 남을 구별하는 원리

면역

최초로 식세포를 발견한 엘리 메치니코프의 초상 사진.

"우리는 불빛이 있는 곳에서 찾게 마련이다."

— 요한 볼프강 폰 괴테[1]

"우리는 제 살갗으로부터보다
그 너머에 있는 것들로부터 더 많이 보호받는다."

— 율라 비스, 《면역에 관하여》[2]

사람들에게 백신을 왜 맞는지 물어보면 십중팔구는 면역을 얻어 감염병에 걸리지 않기 위해서라고 답할 것이다. 여기서 '면역=감염을 예방하는 힘'이다. 반면에 후천성 면역 결핍증(에이즈)이라는 병명에서 '면역'은 다소 다른 의미로 쓰인다. 에이즈 환자들은 사소한 감염에도 대항하는 힘이 부족해 목숨이 위태로워질 수 있는데, 여기서 '면역=감염과 싸우는 힘'이라고 볼 수 있다. 같은 '면역'이지만 쓰임새가 다르다.

물론 두 현상은 따로 생각할 수 없다. 하지만 면역이 무엇인지 정확히 알려면 두 현상을 구별해야 한다. 한 번 앓은 병을 다시 앓지 않게 하는 것은 '예방' 면역이라고 부르자. 그리고 에이즈 환자에게 부족한 면역은 감염과 싸우는 우리 몸의 '대항' 면역이라고 부르자. 물론 이 둘은 같은 배우들이 펼치는 연극과도 같다. 1막은 대항, 2막은 예방의 드라마로 이어지기 때문이다.

잡아먹는 세포를 보다

1882년에 러시아의 생물학자이자 세균학자인 엘리 메치니코프(1845~1916)는 몸이 투명한 해양 생물의 몸속에 주입한 물감을 '먹어 치우는' 세포를 발견해 '파고사이트(phagocyte)'라고 불렀다. 우리는 식(食)세포라고 번역한다. 추가 연구를 통해 메치니코프는 병원균이 체내에 침투하면 백혈구가 몰려들고 일부는 균을 먹어 치우는 현상도 발견했다. 그는 우리 몸이 외부 침입자에 대항하여 병에 걸리지 않는(대항 면역) 원리를 발견했다고 주장한다.

혈청 면역의 발견

10년 후인 1891년에 로베르트 코흐(1843~1910)의 연구실에서 일하던 독일의 생리학자 에밀 폰 베링(1854~1917)이 혈청으로 디프테리아를 치료하는 방법을 발견한다. 혈청은 핏속에서 적혈구, 백혈구, 혈소판, 응고 인자를 분리해 낸 노란 액체 성분으로, 항체를 다량 포함하고 있다. 그는 디프테리아에서 살아남아 면역력을 갖춘 동물의 핏속에 있는 '면역 혈청'을 환자에게 주사했다. 전염병에서 회

독일의 생리학자 에밀 폰 베링.

복된 동물의 혈청에 있는 중화항체의 치료 효과를 발견한 것이다.

더구나 혈청에는 응집을 일으키는 적혈구도, 응고를 일으키는 피브리노겐도 없기에 동물의 피에서 얻은 혈청이라도 사람에게 쓰는 데 아무 문제가 없었다. 혈청은 치료 효과의 '종간 장벽'을 넘을 수 있었다.

베링은 이 사실을 들어 대항 면역은 세포가 아닌 체액(혈청)의 기능이라고 주장했다. 이렇게 해서 메치니코프가 주장하는 '세포'의 면역 능력을 지지하는 파리 파스퇴르연구소(세포파)와 베링이 주장하는 '체액'의 면역 능력을 지지하는 베를린 코흐연구소(체액파) 사이에 면역 전쟁이 시작되었다.

두 연구소는 같은 실험을 해도 정반대의 결과를 내놓고, 상대방의 허점이 조금이라도 보이면 끈질기게 물고 늘어졌다. 이렇게 최고의 과학자들 사이에서 공개적으로 벌어진 연구 전쟁은 역사상 유례를 찾아보기가 힘들 정도였다. 덕분에 미생물학의 번외 편에 불과했던 면역학은 빠르게 자리를 잡았다.

누구의 손을 들어 주어야 할지는 몰랐지만 일단 분명한 것은 베링의 혈청이 대단하다는 사실이었다. 의사들은 환자들에게 혈청 주사를 놓아 역사상 처음으로 감염병인 디프테리아를 치료할 수 있었다. 미생물을 직접 공격하는 항생제가 반세기 후에 나온 것을 생각하면 혈청은 정말 기적의 치료제였다. 병원균을 확인하고, 병원균에 대한 혈청만 만든다면 인류는 지긋지긋한 감염병의 손아귀에서 벗어날 것 같았다.

이렇게 베를린의 코흐연구소가 20년 만에 면역 전쟁의 최종 승자가 된 것처럼 보였다. 파스퇴르연구소는 혈청을 결사적으로 공격하고 세포를 되살릴 방법을 찾았지만 공교롭게도 미생물을 공격하는 보체라는 물질을 혈청 속에서 발견한다. 이쯤 되자 면역은 세포가 아닌 혈청 속에 있는 것이라고 인정해야 할 것 같았다. 메치니코프도 큰 불만은 없었다.

면역 기전의 발견

한편 19세기 말, 독일 베를린의 미생물학자이자 면역학자인 파울 에를리히(1854~1915)는 우리 몸이 '나와 남'을 구별하는 능력이 있고, 내 몸속으로 남이 들어오면 이에 대항하여 물리치려 한다며 이를 '면역'이라고 주장했다. 면역을 유발하는 물질을 항원으로 규정하고, 우리 몸속의 세포가 항원에 반응하여 이를 물리칠 대항물질, 즉 항체를 만들 것으로 예측했다. 그는 항체의 화학 구조까지 예견했고, 이후로 면역학은 생물학보다는 화학에 가까워졌다.

1900년, 카를 란트슈타이너는 수혈 때 생기는 응집 현상을 항원-항체 반응으로 해석했다. 우리가 A, B, AB형으로 부르는 혈

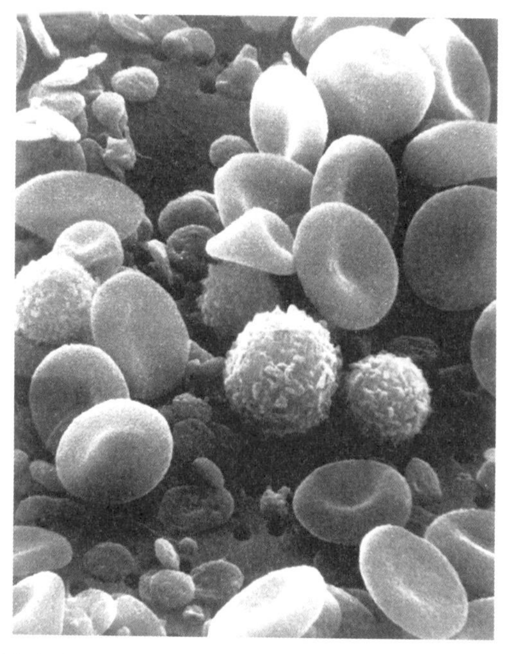

핏속의 적혈구(도넛 모양), 백혈구(공모양), 혈소판(작은 동전 모양).

액형의 이름도 항원의 이름에 불과했다. (O형은 항원이 없다는 뜻이다.) 1930년대가 되면 항체가 단백질이라는 것(면역글로불린)이 밝혀지고, 1960년대에는 항체가 Y자 모양이라는 것도 밝혀졌다.

한편 제2차 세계대전 중에 화상을 당한 부상병들에게 건강한 사람의 피부를 이식하려 했지만 환자의 몸이 이식한 피부를 정착하지 못하게 막는 거부반응을 일으켰다. 영국의 생물학자 피터 메더워(1915~1987)는 거부반응이 일어나는 원인을 이식한 피부가 아닌 이식받은 환자의 몸속 림프구(백혈구의 한 형태로, 전체 백혈구 중 약 25퍼센트를 차지한다.)에서 찾았다. 즉, 환자의 몸이 남의 피부에 대해 면역반응을 일으켜 침입자를 내쫓는 것으로 해석한 것이다.

다행히 림프구의 활동을 방해하는, 일종의 면역억제제인 사이클로스포린이 개발되면서 피부 이식의 거부반응을 잠재울 수 있었다. 훗날 이 원리는 장기 이식에도 적용되어 대다수의 이식 수술은 림프구의 손발을 묶는 것으로부터 시작하게 되었다. 주인공은 항상 마지막에 등장한다는 말도 있지 않은가? 뒤늦게 등장한 림프구가 면역이라는 드라마의 주인공이었다.

면역이라는 드라마의 주인공, 림프구

1940년대에 '항체를 만드는 세포'가 바로 림프구라는 사실이 알려진다. 아니, 세포(!)가 면역에 관여한다고? 지하에서 잠든 메치니코프가 벌떡 일어날 수도 있었겠지만, 아쉽게도 메치니코프가 주장한 식세포가 아니라 림프구(세포)가 면역의 열쇠였다.

1960~1970년대에는 림프구 연구가 활발해져 T 림프구, B 림프구, 자연살생세포(엔케이[natural killer]세포라고도 한다)로 구분했다. T 림프구는 도움 T 림프구, 세포독성 T 림프구 등으로 나뉜다. 그중 면역계의 사령관이라고 할 만한 도움 T 림프구는 항원을 인식하

면 백혈구들을 소집하는 사이토카인(cytokine)을 내뿜으면서 대식세포를 불러들인다.

항체는 단연 B 림프구의 몫이다. B 림프구는 표면에 항체를 주렁주렁 매달고 다니는 열쇠공이다. 지나가다가 수상쩍은 자물쇠를 달고 있는 존재(항원)를 만나면 자신의 열쇠를 자물쇠에 넣어 맞는 것을 찾는다. B 림프구마다 보유한 열쇠가 조금씩 달라서, 한 림프구의 열쇠가 안 맞으면 다른 림프구가 맞추어 보는 식으로 여러 B 림프구가 돌아가며 이방인을 검문한다.

우리 몸속에는 이런 열쇠, 즉 항체가 무려 1억 종이나 있다. 웬만한 항원(자물쇠)은 항체(열쇠)에 딱 걸려들기 마련이다. 딸깍 하고 열쇠가 맞는 소리가 나면, 그러니까 항원에 맞는 항체가 확인되면 그 항체를 달고 있는 해당 B 림프구는 "해결사로 당첨!" 하는 환호성이라도 들은 것처럼 즉각 자가 복제를 시작한다. 손오공처럼 자신과 똑같은 분신들이 열두 시간이면 2만 개나 만들어진다. 이 과정을 일주일이나 계속한다.

폭발적으로 늘어난 B 림프구는 생산 완료된 항체를 쏘기 시작한다. 표적을 안 보고 쏘아도 목표물을 정확히 찾아가는 크루즈 미사일처럼 날아가는 항체는 해당하는 항원에만 꽂힌다. 초당 2000개의 항체가 항원에 들러붙으면 항원은 화살 맞은 고슴도치 꼴이 된다. 대식세포는 이것이 먹음직스러운 음식인 양 골라서 먹어 치운다.

하지만 가시밭길을 헤치고 들어온 침입자도 속수무책으로 당하고만 있지는 않는다. 침입자가 바이러스라면 재빨리 세포 속으로 숨어 들어가 항체의 공격을 피한다. 숨어든 세포 안에서 바이러스는 세포의 기구를 이용해 복제를 시작해 분신을 만든다. 그리고 분신들로 꽉 차면 세포를 터뜨리고 밖으로 쏟아져 나온다. 이러한 과정이 반복된다.

그런데 바이러스의 인질이 되어 버린 세포를 유심히 지켜보는 림프구가 있다. 바로 세포독성 T 림프구이다. 이 림프구는 조금이라도 이상한 낌새를 보이는 세포가 있으면 그 자리에서 공격해 죽여 버린다. 전체를 구하기 위해 세포 하나쯤 희생시키는 것은 아무것도 아니라는 듯 말이다.

이렇게 대항 면역은 항체가 녹아 있는 혈청, 항체를 만드는 세포, 병원체나 감염된 세포를 제거하는 세포의 촘촘한 연결망으로 이어져 있다는 사실이 알려진다. 이제 세포 면역, 항체(체액) 면역은 별개로 생각할 수가 없다.

면역의 기억력

우리 몸속에 많은 종류의 항체가 있는 이유는 유전자 때문이다. 유전자의 다양한 조합이 다양한 항체를 만든다. 물론 어떤 항체는 평생 한 번도 쓰지 않을 수도 있다. 하지만 다양한 레퍼토리를 미리 준비해 두면 어떠한 항원이 나타나도 바로 맞설 수 있다. 과학자들은 항체의 다양성에 더하여 면역의 기억력도 발견한다.

1000억 개의 면역 세포가 침입자를 물리쳐 일단 감염 상황이 끝나면 신속한 병력 감축이 시작된다. 림프구는 빠른 속도로 사라지는데 일부 림프구는 사라지지 않고 몇 년을 살면서 항원에 관한 기억을 유지한다. 그러다가 같은 항원이 다시 침입하면 더욱 빠르고 강력하게 대항한다. 그래서 우리는 이전에 침입했던 바이러스가 다시 한번 침입해도 병에 걸리지 않는다. 이것을 우리는 '면역이 생긴 것'이라고 말한다. 대항 면역을 통해 예방 면역으로 나아간 것이다.

침입자를 어떻게 아는가?

과학자들은 눈 코 입도 없는 면역계가 '나와 남'을 구별하는 원리도 발견한다(이번에는 무덤 속의 에를리히가 벌떡 일어날 일이다). 모든 세포

표면에는 주조직적합성복합체(major histocompatibility complex, MHC) 분자라는 일종의 신분증이 있다. 신분증은 '나의' 유전자가 만들기 때문에 유전자가 다른 '남의' 세포는 전혀 다른 신분증을 가지게 된다. 면역계는 이것을 귀신같이 찾아낸다.

국제공항의 입국 심사대를 떠올려 보자. 내국인은 여권과 지문 대조를 통해 쉽게 입국한다. 하지만 외국인은 심사관 앞에 서서 까다로운 질문까지 받아야 한다. 이유는 국적이 다르기 때문이다. 면역학적으로 표현하면 MHC 분자가 다른 것이다.

하지만 내국인 중에도 여권이 이상한 사람들은 따로 조사를 받는다. 여권 위조나 파손이 된 경우는 외국인들만큼 엄격한 심사를 받는다. 마찬가지로 면역의 심사관들도 MHC가 이상하면 무조건 경보를 발령한다. 바이러스가 침투한 세포, 돌연변이 세포, 암세포는 '나(我)'이기는 하지만 MHC가 달라진 '변질된 나'이기 때문에 경보가 울린다. 그러면 세포독성 T 림프구나 대식세포 들이 달려들어 세포를 파괴한다. 이런 원리를 이용해 항암 면역치료법이 연구 중이다. 아무래도 면역이라는 드라마의 3막은 암 병동에서 펼쳐질 것 같다.

선천성 VS 후천성 면역, 능동 VS 수동 면역

1973년, 캐나다의 면역학자이자 세포생물학자인 랠프 스타인먼(1943~2011)은 선천성 면역과 후천성 면역을 이어 주는 수지상 세포(식세포의 일종)를 발견한다. 수지상 세포는 일단 항원을 삼킨 다음 항원의 특성을 T 림프구에 일러바쳐 빠르고 강한 면역을 유도하는 항원 제시 세포의 역할을 한다. 그런데 잠깐, 선천성 면역과 후천성 면역이 무엇일까?

면역은 타고나서 평생 가는 자연(선천성) 면역과 적응(획득 혹은 후천성) 면역으로 나눌 수 있다. 타고난 자연 면역은 최전방에서 활동하는 부대다. 부대원들의 면면을 보면 아메바처럼 생긴 식세포(수지상 세포와 대식세포), 일부 림프구(엔케이세포 등), 보체가 있다. 신경을 곤두세우고 순찰을 하다가 수상쩍으면 바로 공격한다. 단순하고도 강력한 부대다.

식세포는 덩치가 크지만, 아메바처럼 몸을 자유롭게 변형시켜 몸속 어디든 다닌다. 식세포들은 그 자리에 있으면 안 되는 세포들을 "네가 왜 여기서 나와?" 하며 잡아먹는다. 평소에는 수명이 다해 죽은 우리 몸 세포들을 정리하는 장의사 역할도 한다. 몸 밖 주변에 있다가 우리 몸속으로 들어온 평범한(?) 바이러스, 세균, 곰팡이, 기생충들도 조용히 쓸어 담는다.

종종 강력한 침입자들이 들이닥치기도 한다. 그러면 식세포들은 적이 달아나지 않도록 그 자리를 에워싸고 면역계에 비상경보를 울린다. 경보를 듣고 몸은 그곳으로 가는 혈액량을 늘린다. 그러면 피를 타고 더 많은 면역 세포들이 집결한다. 이 경보 체계가 사이토카인이다. 이 때문에 감염된 곳은 붉어지면서 붓고 아프고 화끈거린다. 우리는 이것을 '염증'이라고 부른다. 보통은 며칠 만에 상황이 끝난다.

한 번도 겪어 보지 못한 비범한 침입자는 림프구, MHC, 항체 등 정교하게 작동하는 후천성 면역계가 맡는다. 척추동물로 진화하면서 갖추게 된 이 면역계는 무조건 잡아먹기보다는 특정 항원에 맞춤 대응, 핀셋 방역을 한다.

능동 면역, 수동 면역이라는 개념도 있다. 수동 면역은 디프테리아의 혈청치료를 생각하면 된다. 내 몸에 남(보통은 동물)이 만든 항체를 주사하여 병을 물리친다. 반대로 능동 면역은 내 몸이 적극적으로 항체를 만들어 싸우는 방식이다. 해답을 가지고 문제를 풀면 수동 면역, 내가 적극적으로 답을 찾아가면 능동 면역으로 볼 수 있겠다.

백신은 인간이 발명한 가장 뛰어난 능동 면역 체계다. 림프구들이 한 번 겪은 감염을 기억하는 원리를 이용해 미리 가볍게 앓고 지나가게 만드는 장치다. 면역계가 치르는 모의고사나 실전 훈련

같은 것이다.

마지막으로 면역의 과정을 정리해 보자. 일상적인 침입자는 선천성 면역이 처리한다. 하지만 힘에 부치면 경보를 울려 후천성 면역의 손으로 넘긴다. 식세포 중 하나인 수지상 세포가 항원을 끌어와 일러바치면 림프구는 복제를 시작한다. 도움 T 림프구는 다른 면역 세포를 불러 모은다. B 림프구는 항원 맞춤 항체를 대량 생산해 항원을 공격하고, '없앨 것'이라는 표지를 붙인다. 대식세포가 이것을 꿀꺽 삼킨다. 세포독성 T 림프구는 세포 속에 들어있는 바이러스를 없애려고 세포를 통째로 파괴한다.

상황이 정리되면 일부 림프구는 남아서 기억을 한다. 다음에 같은 항원이 들어오면 면역계는 재빨리 물리쳐 병을 앓지 않게 한다. 이것이 면역이 생긴 것이고, 이렇게 되라고 우리는 미리 백신을 맞는 것이다.

이 모든 것을 한 문장으로 요약하면 다음과 같다. "DNA가 유전의 주인공이라면, 림프구는 면역의 주인공이다."

함께 생각해 볼 거리

- 훌륭한 적은 나를 성장시킬 수 있다. 그런 예를 면역의 역사에서 찾아보자.
- 세포 면역과 체액 면역은 어디에서 통합될까?
- 백신을 한마디로 정의하면?
- 연노란색 혈청 속에 무엇이 들어 있는지 생각해 보자.

함께 읽을 책

- 루바 비칸스키, 《면역, 메치니코프에 묻다》. 식세포를 발견한 메치니코프의 일대기로 세포파와 체액파의 치열한 면역 전쟁을 그리고 있다.
- 스튜어트 블룸, 《두 얼굴의 백신》. 백신 접종을 꺼리는 현상의 원인을 역사적으로 파헤친다.

Part 2

미생물과 전염병

5장

콜레라를 길어 올린 우물

역학

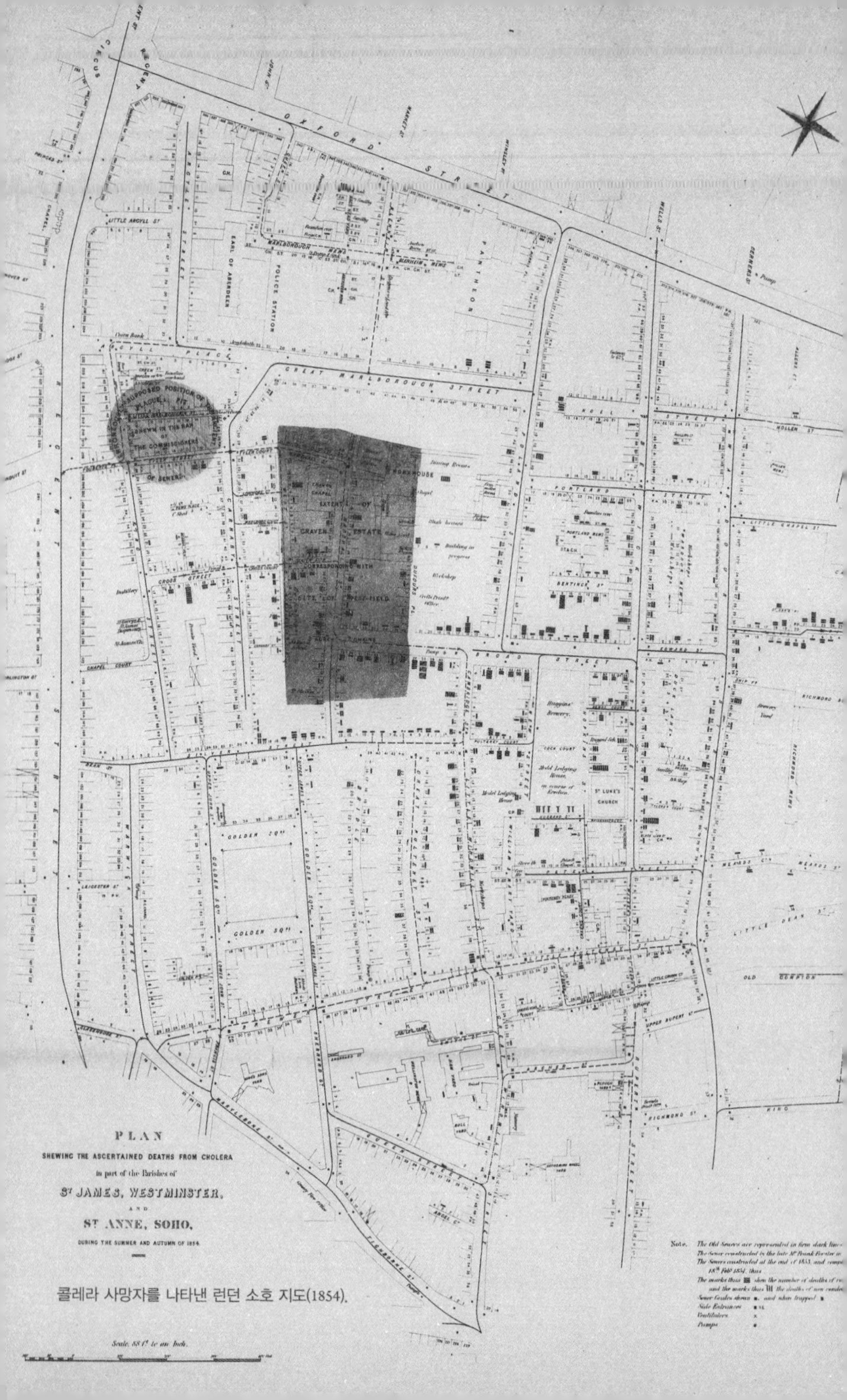

콜레라 사망자를 나타낸 런던 소호 지도(1854).

"그 벵은 걸리기만 하믄 죽는다!"

— 박경리, 《토지》[1]

"의학에서도 소외되고 있는 커다란 분야가 있는데,
바로 사람들이 개인적으로나 집단으로서나
애초에 아프지 않도록 만드는 방법이었다."

— 피터 피오트, 《바이러스 사냥꾼》[2]

코로나바이러스감염증-19(COVID-19)가 유행 2년 여 만에 3억 명이 넘는 확진자와 550만 명의 사망자를 냈다(2022년 1월 기준). 이제 우리는 코로나19를 생각하지 않는 날이 없고 역학조사나 코호트 격리 같은 전문 용어도 아무렇지 않게 쓴다.

역학(돌림병 '역疫'+연구 '학學')이란 특정 지역이나 집단을 대상으로 건강과 관련된 상태, 사건의 분포를 파악한 후 그 원인을 찾고 연구하는 학문이다. 쉽게 말하면 사람들 속에서 돌림병의 전파를 연구하는 일이다.

코로나19 같은 돌림병의 경우 환자를 빨리 진단하여 적절한 치료를 하는 감염병 전문 의사의 역할도 중요하지만, 병이 사람들 사이에 퍼지지 않도록 차단하는 역학 전문가의 일도 매우 중요하다. 역학이 본격적으로 활약을 펼치기 시작한 것은 19세기의 콜레라 대유행 때였다.

코로나19만큼 무서웠던 콜레라

지금 한국을 살아가는 우리에게 콜레라는 이름만 남은 질병이다. 그도 그럴 것이 최근 6년간(2015~2020) 우리나라에서 콜레라로 진단받은 사람은 열두 명에 불과하고, 그중 열한 명은 해외에서 병에 걸린 채 입국했으니까 말이다. 콜레라를 심각하게 여기는 사람도 없다. 하지만 1970년대만 해도 학교 교실에 줄을 세워놓고 강제로 예방주사를 맞혔던 무서운 병이다.

지금도 식수 사정이 나쁜 저개발 국가로 여행을 갈 때 반드시 끓인 물을 먹어야 하는 이유도 콜레라 같은 수인성 감염병 때문이다. 지금은 시시해 보이는 콜레라지만 근세기에는 코로나19만큼이나 무서운 돌림병이었다.

콜레라는 원래 인도의 내륙 지방에만 돌던 풍토병(風土病, endemic)이었다. 하지만 영국이 인도를 사실상 식민지로 삼으면서 영국군은 내륙 깊숙한 곳에서 콜레라와 조우했다. 1781년, 총성 없는 이 싸움에서 영국군 500명 이상이 콜레라에 걸려 목숨을 잃었다.

믿을 수 없는 이 일은 이제 시작이었다. 사람의 왕래가 빈번해지면서 콜레라는 교역로를 따라 슬슬 갠지스강 하류에 있는 무역

중심지 콜카타(2000년 전까지는 캘커타)까지 내려왔고, 여기서 식민지와 본토를 이어주는 교역로를 타고 제국의 심장으로 질주했다.

콜레라는 1831년에 영국에 상륙하자마자 맹위를 떨쳐 순식간에 2만 명의 목숨을 앗아갔다(1차 유행). 이를 시작으로 여러 차례 대유행이 잇따랐다. 하지만 의사들은 치료법을 찾지 못했고, 정부도 아무런 대책을 세우지 못했다.

산업혁명과 도시화

그런데 왜 하필 이 시기에 영국에서 콜레라가 창궐했을까? 묘하게도 당시 영국은 외래 병원체인 콜레라균이 번성하기 딱 좋은 환경이었다.

19세기 중반, '해가 지지 않는' 대영제국의 수도 인구는 250만 명이었다. 런던의 인구는 조만간 유럽 대륙의 대도시들 인구를 합한 것보다 더 많아지는데, 한마디로 인구 폭발의 수준이었다.

산업혁명으로 공장들이 들어섰고, 공장들은 일손이 부족했으며, 그 일손을 메우려고 농사를 짓던 농부들이 기꺼이 런던으로 와서 노동자가 되었다. 하지만 그들의 생활수준은 열악했다. 노동자와 하층계급인은 햇빛도 들지 않고 환기도 안 되는 비좁은 집에 살아야 했다. 집 안에는 분뇨가 넘치고, 거리에는 쓰레기가 넘쳤다. 거리의 오물 구덩이에서는 악취가 진동했고, 템스강에는 오물과 분뇨가 둥둥 떠다녔다.

사람들은 강에 버린 쓰레기와 분뇨가 그냥 바다로 떠내려갈 줄 알았지만, 템스강은 감조 하천(밀물과 썰물의 영향을 크게 받는 강)이었다. 밀물 때가 되면 내다 버린 쓰레기가 강을 거슬러 올라왔다.

늘어나는 인구를 감당할 체계적인 상하수도 시설은 아직 제자리걸음이었다. 인구가 적을 때는 웬만한 오염을 말끔히 씻어 주었던 자연의 자정 능력도 맥을 못 추었다. 이런 상황에서 콜레라가 터졌다.

소호 지역의 콜레라 대유행

1854년 8월, 런던 소호 지역의 브로드가(지금의 브로드윅가)에 사는 갓난아기가 '초록색' 설사를 했다. 아기 엄마는 여느 때처럼 기저귀를 빤 물을 거리의 오물 구덩이에 버렸다. '초록색' 물은 오물 구덩이 근처에 있는 우물로 흘러 들어갔다. 물을 긷는 펌프가 달린 이 우물은 물맛이 좋기로 소문이 나 멀리서도 물을 길으러 왔다. 대참사는 이렇게 시작되었다.

콜레라에 걸리면 설사, 구토, 발열, 사망으로 이어진다. 진행 속도가 너무 빨라 "아침에는 의사가 보고 저녁에는 장의사가 본다."

라는 말이 나올 정도였다. 하지만 그 짧은 시간에 환자는 살아 있는 콜레라균으로 넘치는 엄청난 설사를 쏟아 내 주변을 오염시켰다. 이것이 식수를 오염시키고, 식수를 마신 환자는 콜레라에 걸리고, 그 환자가 설사를 일으키고……. 이런 식으로 퍼져 나간 콜레라로 인해 첫 스물네 시간 만에 70명이 목숨을 잃고 수백 명이 사경을 헤맸다.

당시 의사들은 '더러운 공기' 때문에 콜레라에 걸린다고 생각했다. 환자의 집에 가 보면 백이면 백 고약한 설사 냄새 때문에 구역질이 날 지경이었기 때문이다. 당시에는 거리 곳곳에 썩어 빠진 오물 구덩이가 널려 있어 코를 막고 다녀야 했기에, 나쁜 공기를 콜레라의 원인으로 생각하기 쉬웠다.

의사들은 '더러운 공기'가 들어오지 못하도록 창문을 틀어막고 대문을 걸어 잠그게 했다. 사람들은 나쁜 공기와 악취를 떨쳐 버릴 수 없는 집을 버리고 떠나기도 했다. 하지만 브로드가 40번지의 지하에 뿌리를 박고 서 있는 펌프는 여전히 그 자리를 지키고 있었다. 북적거리던 브로드가가 한산해진 탓에 펌프를 찾는 사람도 줄었지만 그래도 펌프에 와서 물을 길어 가는 사람은 있었다. 물 없이 살 수는 없으니까.

그런데 한 남자가 나타나 펌프를 이리저리 살피더니 물을 길어 집으로 가져갔다.

존 스노의 콜레라 펌프

남자는 소호에서 진료하는 개원의 존 스노(1813~1858)였다. 그는 빅토리아 여왕의 출산 때 무통 시술을 해 준 '잘나가는 마취 전문가'였다. 하지만 유명세를 이용해 환자를 끌어모으는 것보다는 여유 시간에 혼자 이런저런 연구를 하는 데서 재미를 찾았다.

스노는 물에 관심이 많았다. 콜레라도 물과 관련된다고 생각해서 관심을 가졌다. 그는 어릴 때 물에 대한 아픈 기억이 있었다. 부친은 탄광촌에서 일하는 가난한 노동자였고, 가족이 살던 마을은 걸핏하면 강물이 범람하여 시궁창 물이 휩쓸고 지나갔다. 그래서 그는 물에 대한 병적인 청결함을 고수했다. 많은 사람이 애용하는 런던의 상수도 회사의 수돗물도 믿지 못해 평생 증류수만 마시고 살았다.

스노는 의사가 된 후로 콜레라 유행을 여러 번 겪었다. 물에 대한 예민함 덕분일까? 그는 우물을 공유하는 집단에서 환자가 나오는 것을 보았고, 이웃에 살아도 다른 우물을 쓰면 콜레라가 비껴가는 것도 보았다. 그리고 런던 시내에서도 템스강 하류에서 훨씬 환자가 많이 나오는 것도 알았다. 의사들은 콜레라의 원인이 '더러운 공기'라고 봤지만, 스노는 '더러운 물'을 의심했다. 그런데 이것을 어떻게 증명할까?

그는 먼저 템스강의 물을 런던 시민들에게 공급하는 상수도 회사별 콜레라 발병률을 조사했다. 놀랍게도 한동네에 살아도 다른 상수도 회사의 물을 마시면 콜레라가 비껴갔다. 그리고 발병률이 높은 회사는 취수원이 템스강의 하류에 있었다. 템스강은 밀물 때는 바닷물이 상류까지 거슬러 올라가는데 이때 런던 시내에서 흘러나온 하수가 취수원을 오염시킬 가능성이 컸다.

이 정도 조사를 마쳤을 무렵 소호에 콜레라가 터졌다. 현장으로 달려간 스노는 먼저 사망자 발생 현황을 알아보았다. 신기하게도 희생자 대부분이 브로드가 펌프 주변에 모여 있었다. 마치 펌프가 독가스를 내뿜은 것처럼 말이다.

하지만 공기는 범인이 아니었다. 같은 공기를 마셔도 물이 다르면 멀쩡했다. 다른 공기를 마시는 먼 곳에서 살면서도 물맛 좋은 이 펌프에서 물을 길어 먹은 사람은 콜레라로 죽었다. 근처에 다른 우물도 여럿 있었지만, 그 펌프들은 콜레라를 일으키지 않았다. 이것은 무슨 말인가?

스노는 몇 년째 자신이 매달려 있는 상수도 연구를 대입해 본다. 콜레라에 잘 걸리는 취수원 자리에 우물을 대입시켜 본 것이다. 강물도 오염이 되어 콜레라를 일으킨다면 우물도 오염되지 말라는 법은 없지 않은가?

하지만 브로드가 우물물은 너무 깨끗해 보인다. 그렇다 해도 콜

브로드윅가의 콜레라 펌프 복제품. 존 스노를 기리기 위해 손잡이가 없다.

레라를 일으킨다. 그렇다면 우리가 볼 수도 없고 냄새를 맡을 수도 없는 어떤 것이 물을 오염시켜 콜레라를 일으키는 것이다!

오염물의 정체를 알 수 없다고 해도 스노는 당장 사람들이 펌프를 쓰지 못하게 해야 한다고 생각했다. 그래서 지역 유지들을 설득하여 펌프에서 손잡이를 떼어 냈다. 소호에 콜레라가 창궐한 지 일주일만이었다.

병마의 지도

'콜레라 펌프'가 폐쇄되고도 콜레라가 금세 자취를 감추지는 않았다. 하지만 콜레라는 그날 이후로 분명히 기세가 꺾였고, 2주 만에 물러났다. 그동안 펌프로부터 반경 229미터 내에 사는 주민 900명이 목숨을 잃었다.

콜레라 펌프를 폐쇄한 후 당국에서 펌프 아래에 있는 우물을 조사했다. 근처에 있는 오물 구덩이로부터 유입된 오염 물질이 발견되었다. 오물이 우물로 콜레라를 옮겼고, 콜레라는 깨끗해 보이는 물을 통해 사람들의 몸으로 옮아간 것이다. 인류는 콜레라의 병원균을 확인하기도 전에 전파 양상과 예방법을 알았다.

이후로 유럽의 대도시들이 상·하수 위생 관리에 관심을 가진 덕에 콜레라는 기세가 꺾인다. 콜레라균은 그로부터 30년이 지나

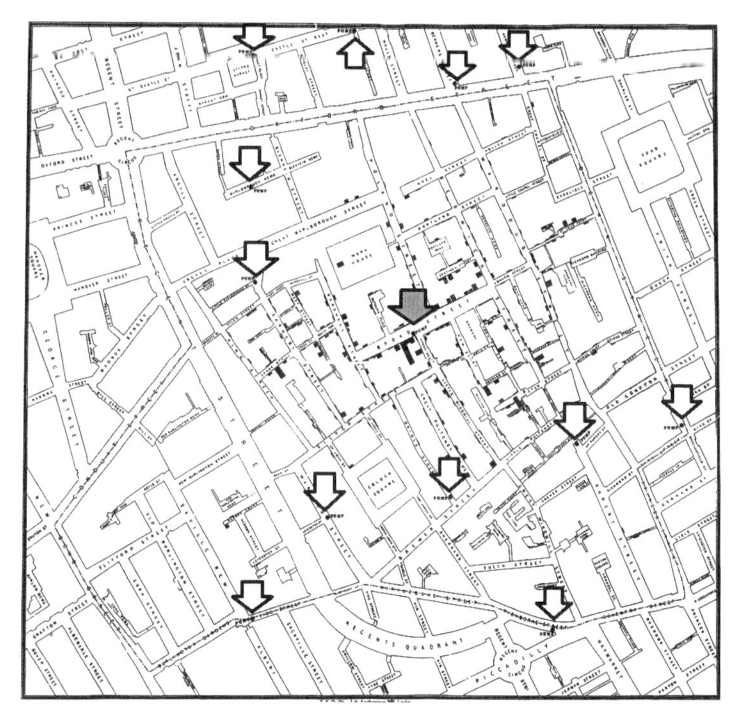

존 스노의 콜레라 지도. 도로에서 뻗어 나온 검은 막대는 사망자의 수를 나타내는 그래프로, 화살표는 펌프의 위치, 붉은 화살표는 콜레라 펌프다(화살표는 저자가 추가함).

확인되었고, 치료제는 20세기에 나온다. 하지만 스노 덕분에 인류는 정체도 모르고 치료법도 없는 콜레라라는 치명적인 돌림병을 예방했다. 150여 년이 지난 지금도 상수원 관리를 철저히 하는 것과 물을 끓여 먹는 것이 최선의 콜레라 예방법이다.

스노는 콜레라가 물러간 그해 가을에 지도 한 장을 우리에게 남졌다. 콜레라 발병 패턴을 보여 주는 소호 지역의 지도였다. 지도에는 주민들이 물을 긷는 펌프들과 콜레라로 목숨을 잃은 주민들의 수를 표시한 막대그래프가 있다. 지도를 보면 브로드가 40번지 펌프 주변에 사망자들이 집중된 것을 알 수 있다. 이 지도 한 장이 현대 역학 연구의 역사를 열었다.

함께 생각해 볼 거리

- 코로나19의 시대, 우리는 스노의 콜레라 펌프 이야기에서 무엇을 배울 수 있을까? 치료할 수 없다면 당하는 수밖에 없을까? 참고로, 콜레라균을 잡는 항생제는 스노의 예방법이 발견된 후로부터 한참 후에 나온다.
- 스노가 다른 사람들에 비해 민감하게 생각했던 물에 대한 감각은 어떤 연구로 이어졌나?
- 지금도 콜레라가 완전히 뿌리 뽑히지 않는 이유는 무엇일까?

함께 읽을 책

- 박경리, 《토지》. 조선을 짓밟은 호열자(콜레라)의 참상을 잘 보여 준다.
- 찰스 디킨스, 《올리버 트위스트》. 산업혁명 당시 도시 빈민의 열악한 삶을 생생하게 묘사한다.
- 스티븐 존슨, 《감염지도》. 존 스노가 콜레라를 퇴치하는 이야기가 흥미진진하게 펼쳐진다.

함께 감상할 작품

- 존 커랜, 〈페인티드 베일〉. 윌리엄 서머싯 몸의 《인생의 베일》이라는 장편소설을 원작으로 하며, 1920년대 중국에서 콜레라와 맞서 싸우는 세균학자의 삶을 보여 준다.

함께 가 볼 곳

- 런던 소호 브로드윅가의 콜레라 펌프.

6장

약한 적은 나를 더 강하게 만든다

백신

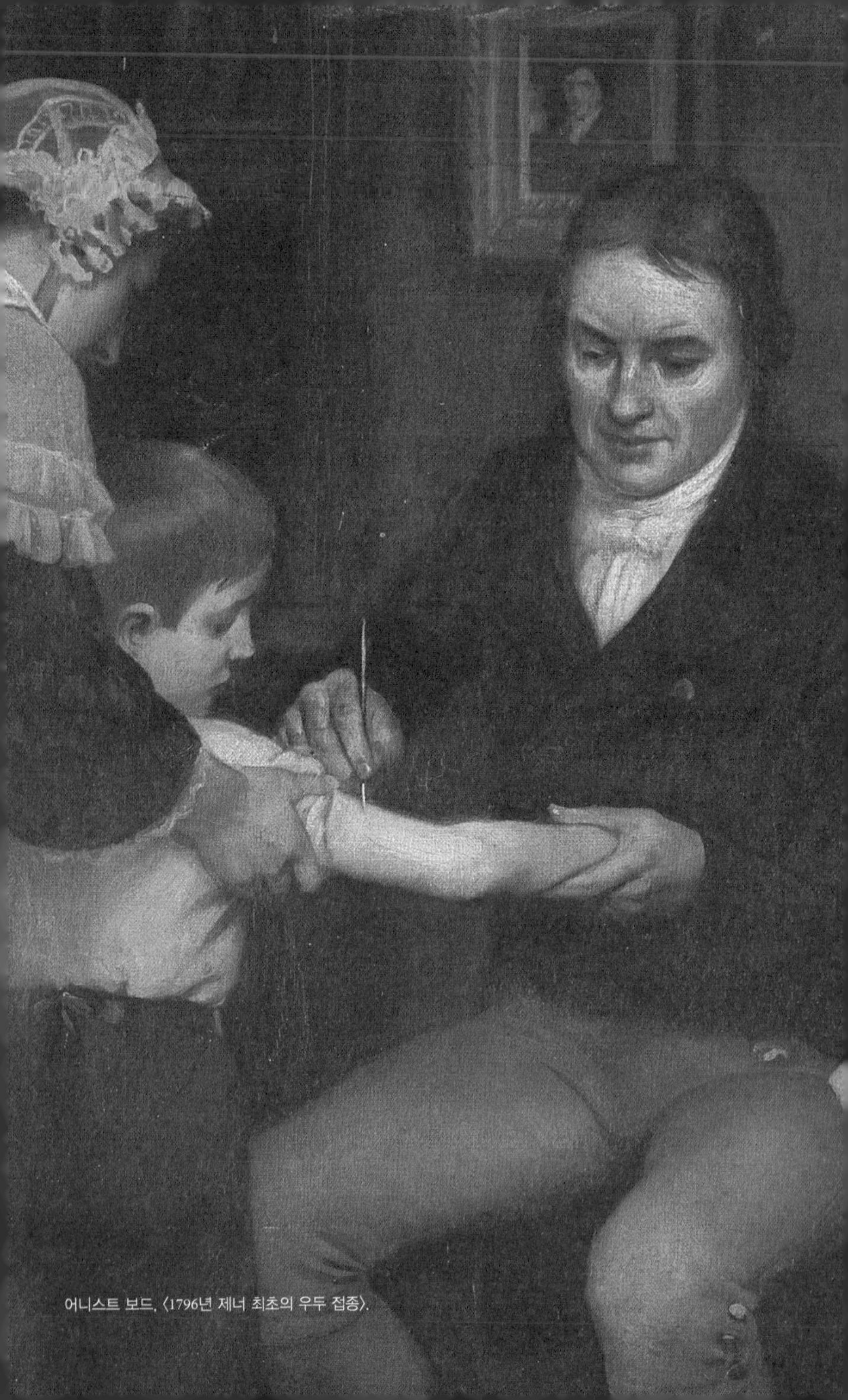

어니스트 보드, 〈1796년 제너 최초의 우두 접종〉.

"우리에겐 흔하고도 치명적인 천연두가
여기 콘스탄티노플에선 대수롭지 않은 병이 된 건
여기 사람들이 접종법을 발명한 덕분이야."

— 메리 워틀리 몬태규[1]

코로나19 창궐 1년 만에 인류는 백신으로 첫 반격을 시작했다. 감염병 치료제가 개발되기 전에는 감염 자체를 방지하는 백신이 큰 역할을 한다. 우리나라는 2021년 2월부터 백신 접종을 시작해 2022년 1월이 되자 국민 약 85퍼센트가 접종을 완료했다. 어느덧 이제 뉴노멀의 전제 조건이 되어 버린 백신, 인간은 언제부터 어떤 백신을 맞아 왔을까?

끔찍한 병 천연두와 인두법

백신은 감염병을 '예방'하려고 몸에 넣는 약이다. 주사를 맞거나 약을 먹거나 코에 뿌릴 수도 있다. 몸에 백신을 넣는 것을 접종(接種)이라고 하는데, 씨앗(種)을 몸에 심는다(接)는 뜻이다.

인류가 처음 백신으로 예방한 감염병은 천연두이다. 이것은 손님, 마마, 두창이라고도 한다. 끔찍한 병이었다. 걸리면 온몸이 펄펄 끓고, 살갗이 짓물러져 피범벅이 된 다음 고통에 몸서리치다 죽었다. 특히 아이들은 천연두에 걸리면 십중팔구 목숨을 잃었다.

드물게 살아남은 경우에도 대부분은 실명하거나 '곰보'라고 불리는 마마 자국을 평생 안고 살았다. 하지만 마마 자국은 일종의 '면역 확인서'이다. 천연두는 두 번 앓지 않기 때문이다. 살아남기만 하면 '평생 면역'이 생기는 병이 천연두였다.

10세기에 중국인들은 이런 평생 면역을 이용해 천연두에 걸렸다가 회복한 사람의 고름 딱지를 빻아서 건강한 사람의 피부에 상처를 내 문지르거나 코로 들이마시게 하는 예방 접종법을 만들었다. 이를 인두법(人痘法, variolation)이라고 한다. '인간에게서 얻은 천연두'를 몸에 넣어 가볍게 앓은 후 면역을 얻는 방식이었다.

수세기에 걸쳐 인두법은 인도, 아프리카, 터키로 퍼져 나갔다. 18세기 초에는 콘스탄티노플(지금의 터키 이스탄불)에서 튀르크족의 인두법을 눈여겨본 영국 대사의 부인 메리 워틀리 몬태규(1689~1762)가 아이들에게 인두를 접종해 천연두에 대한 면역을 얻었다. 영국으로 귀국한 그녀는 1720년경에 영국 왕족에 인두법의 씨앗을 뿌리는 데 성공했다. 이후로 인두법은 유럽과 아메리카대륙으로도 전해졌다.

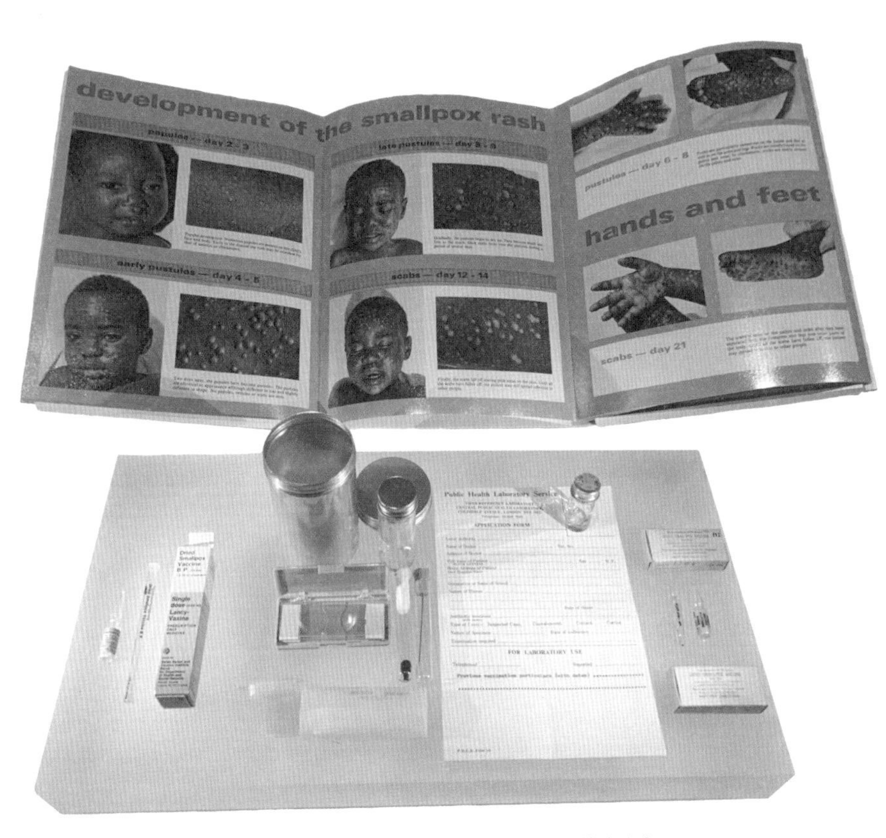

천연두를 설명하는 편람과 접종 기구들. 런던 과학박물관.

하지만 인두법은 불완전했다. 인두 접종으로 인한 감염으로 천연두에 걸려 죽는 사람, 접종을 받았지만 돌파 감염으로 목숨을 잃는 사람이 속출했다. 안정성과 신뢰도 모두 만족스럽지는 못했지만, 그래도 천연두가 돌기 시작한다는 소문이 퍼지면 인두를 맞는 수밖에 없었다.

우두법, 소를 이용한 최초의 백신

인두법이 일상화된 18세기 말, 영국의 의사 에드워드 제너(1749~1823)가 '우두법'을 개발한다. '인간 천연두 환자'의 고름 딱지를 쓰는 인두법과는 달리, 제너는 '소'가 앓는 우두(牛痘)를 사람 몸에 심었다.

시골 의사인 제너는 소젖 짜는 여인들이 피부가 좋다는 이야기를 들은 적이 있었다. 소젖을 짜다 보면 소의 젖에 물집처럼 생기는 우두를 손에 옮아 앓는 수가 있었는데, 그런 이들은 신기하게도 천연두에 걸리지 않았다. 그러고 보니 소젖 짜는 여인 중 마마자국이 있는 사람도 거의 없었다.

이 소문이 사실일까? 만약 '가벼운' 우두를 앓아 '끔찍한' 천연두를 피할 수 있다면 얼마나 좋을까! 제너는 그 소문을 검증하려고 직접 실험을 해 본다.

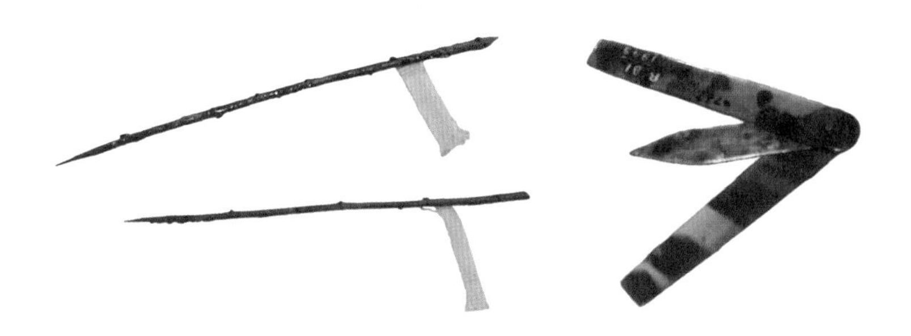

인두 침(좌)과 우두 침(우). 인두법은 콧속으로 밀어 넣고,
우두법은 피부를 째서 밀어 넣었다.

제너는 자신을 찾아온 환자의 손에서 우두 물집을 발견하자 우두의 진물을 빼내어 보관하다가, 우두는 물론이고 천연두에 걸린 적이 없는 여덟 살 소년의 몸에 접종했다. 소년은 우두를 가볍게 앓고 나았다. 6주가 지난 후 소년에게 이번에는 천연두 환자의 고름을 접종했다. 위험한 시도였지만 다행히 소년은 천연두에 걸리지 않았다. 이후로 제너는 스무 명이 넘는 사람들을 실험해 같은 효과를 보았다. 그는 1798년에 이를 세상에 알렸다.

제너의 예방법은 이후 우두법(vaccination)으로 불린다. 위험한 인두 접종은 퇴출되고 우두 접종이 대세가 된다.

우두법은 전 세계로 퍼져 나갔다. 우리나라도 개화기에 대한제국의 교육자 지석영(1855~1935)이 종두법이란 이름으로 들여왔다. 우두법은 사상 최초로 전 지구인이 모두 맞은 백신일 것이다. 전

지구인의 몸속에 천연두 바이러스에 대한 면역 세포들이 자리를 잡자 천연두 바이러스는 갈 곳이 없어졌다. 1980년, 세계보건기구(WHO)는 천연두가 지구상에서 사라졌다고 발표한다. 우리나라도 그해부터 접종을 중단했다. 천연두는 인류의 손으로 뿌리를 뽑은 첫 감염병이 되었다.

잇따른 백신의 등장

제너의 우두법은 현대 백신의 원조이다. 하지만 제너는 그 원리를 설명하지 못했다. 그때까지 인류는 미생물의 존재를 몰랐기에, 미생물이 병을 옮긴다는 것 역시 꿈에도 생각하지 못했다. 다음 세기가 되어서야 파스퇴르나 코흐 같은 미생물학자들이 등장해 미생물의 역사(歷史)시대를 열었으니, 제너는 미생물의 선사(先史)시대에 살면서도 놀라운 발견을 한 것이다.

제너는 몰랐던 천연두 예방의 원리를 후대의 과학자들이 밝혔다. 천연두를 일으키는 바이러스와 우두를 일으키는 바이러스는 같은 종(種)이 아니고 단지 가까운 친척 사이였지만 한쪽에 면역이 생기면 다른 바이러스에게도 통했다. 이렇게 하나의 미생물을 통해 다른 미생물에 대한 면역을 얻는 현상을 '교차 면역'이라고 부른다. 교차 면역의 다른 예는 BCG 백신이다. 소 결핵균으로 만든

BCG를 접종해 사람의 결핵을 예방한다.

루이 파스퇴르는 '가벼운 병을 앓아 큰 병을 예방한다'는 제너의 아이디어에서 영감을 얻어 백신을 만든다. 파스퇴르는 감염병의 원인이 되는 병원체를 끓이거나 포르말린에 담그거나 쨍쨍한 햇볕에 말려서 병원체의 기운을 완전히 빼 독성을 줄였다. '허약한 병원체로 병을 가볍게 앓아 면역을 얻자'는 생각이었다. 그의 실험은 성공해 닭의 콜레라, 양의 탄저병, 개의 광견병을 예방하는 백신을 내놓았다. 1885년에는 사람의 광견병을 예방하는 백신도 내놓았다.

백신 제조의 원리를 알아내고 나니 다른 백신을 만드는 것이 수월해졌다. 이후로 인류의 목숨을 위협하는 감염병들에 대한 백신들이 줄줄이 나온다. 20세기가 되기도 전에 콜레라·장티푸스·페스트 백신이 나왔고, 20세기 초 디프테리아·파상풍·결핵·황열·독감을 필두로 20세기에는 우리가 아는 웬만한 백신들이 모두 쏟아져 나왔다.

백신을 만드는 다양한 방법

제너가 접종한 우두 진물을 '백신'으로 명명한 것은 파스퇴르이다. 백신(vaccine)에는 암소(라틴어로 vacca)라는 뜻이 있는데, 제너가 소가 앓는 우두를 예방접종에 쓴 역사적 사실을 기리는 의미였다. 하지만 이후에는 소가 아닌 동물들도 백신 제조에 쓰였다.

토끼의 척수(광견병), 말의 혈청(디프테리아와 파상풍의 해독소), 달걀과 병아리(인플루엔자, 홍역, 볼거리), 원숭이(폴리오 시럽), 인간(폴리오 주사, 풍진, A형간염, 수두), 쥐(일본뇌염, 신증후군 출혈열), 햄스터(일본뇌염), 벌레(인플루엔자) 등등…….

이 정도 되면 예방접종을 '소'라는 뜻을 가진 백신이라고 부르기도 무색하다. 하지만 래비틴(토끼), 에퀴닌(말), 에긴(달걀), 치키닌(병아리), 휴머닌(사람), 마우신(쥐) 등으로 부르지 않고 여전히 백신으로 부르는 이유는 제너의 우두 접종이 백신의 역사를 열었기 때문이다.

고전적인 백신에 쓰인 질병의 '씨앗'은 죽인 병원체(사백신)이거나 살았지만 해가 없는 병원체(생백신)였다. 하지만 20세기 말이 되면 B형간염 백신을 필두로 유전공학을 이용한 신세대 백신들이 등장한다. 병원체 없이 실험실에서 분자생물학자들이 병원체의 유전자를 재조합해 백신을 만들어 내는 것이다.

지금 우리가 한창 접종하고 있는 코로나19 백신 역시 제조 방식이 무척 다양하다. 전통적인 방식인 죽은 바이러스로 만든 백신(시노팜과 시노백), 병원체의 특정 항원을 발현하는 mRNA 유전자로 만든 백신(화이자와 모더나), 무해한 바이러스에 항원을 심은 백신(아스트라제네카와 스푸트니크V), 유전자 재조합 항원 단백질로 만든 백신(노바

백스) 등이다.

백신이 발전하면서 감염병을 예방하는 백신뿐 아니라 암을 예방하는 백신도 나왔다. 자궁 경부암 백신이 그것이다. 자궁 경부암의 경우 대다수는 자궁 경부에 생긴 바이러스 감염인 사마귀에서 시작한다. 이 사마귀는 인체유두종바이러스(human papilloma virus, HPV)가 일으키는데, 이 바이러스에 대한 백신이 바로 자궁 경부암 백신의 정체다. 이런 논리로 본다면 B형간염 백신 역시 간암 백신의 역할을 한다. B형간염에 걸리면 간암 발병률이 100배나 높아지는데, 간염을 예방하면 간암을 예방할 확률도 높아지기 때문이다.

그렇다면 금연 백신을 만들어 폐암 백신으로 팔 수도 있지 않을까? 흡연이 폐암 원인의 90퍼센트를 차지하기 때문이다. 이미 연구자들은 흡연, 비만, 피임, 우울증, 약물중독을 겨냥한 백신 연구를 하고 있다. 감염병에서 시작해 만성질환, 심지어는 잘못된 습관까지 백신으로 예방할 대상일 수 있다니, 백신의 미래는 우리의 상상을 초월한다.

예방주사에 대한 거부감

코로나19 백신 접종을 앞두고 백신을 믿지 못하겠다거나 백신 부작용이 심하다거나 유전자 조작 백신을 이용해 노예를 만들려고 하다는 등의 음모론과 거부감이 고개를 들었다. 의약 업계와 정부는 백신을 개발하려고 노력했고, 많은 이들이 백신을 수송하고 보관하는 데 엄청난 수고와 자원을 들였는데 접종하려는 순간 국민이 맞지 않겠다고 나선다면 수고한 이들의 입장에서는 당혹스러운 일이다. 한시라도 빨리 집단면역을 달성해야 하는 상황에서 접종 거부는 중대한 걸림돌이니 말이다.

하지만 백신 주사에 대한 거부감은 이번이 처음이 아니다. 제너의 백신이 나왔을 때도 "어떻게 하등한 동물의 몸에서 온 것을 사람에게 주사하나?", "우두 고름을 맞으면 사람이 소로 변한다", "공짜로 놔주는 것이 꺼림칙하다", "무서운 부작용이 있을 것이다" 등 수많은 유언비어가 난무했다. 그 때문에 정작 본고장인 영국은 다른 나라들보다 늦게 접종이 시작되어 피해가 컸다.

물론 초창기의 백신은 안전성이나 효과에서 문제가 있었다. 하지만 백신의 역사가 200년을 넘기면서 백신은 공중 보건에서 가장 안전하고도 효과적인 강력한 무기가 되었다. 그런데도 백신을 의심스러운 눈으로 바라보고 터무니없는 누명을 씌워 백신을 거부하게 만드는 일이 비일비재했다.

대표적인 예가 홍역+볼거리+풍진(MMR) 백신을 맞으면 자폐증에 걸린다는 가짜 뉴스이다. 1998년에 유명 의학 학술지에 실린 논문을 통해 알려졌는데, 나중에 허위 논문으로 밝혀져 논문 게재가 취소되고 논문을 쓴 의사는 의사 면허마저 박탈당했다. 그런데 후일담은 잘 알려지지 않아 많은 이들이 백신 접종을 거부했고, 이 때문에 영국 등지에서는 때아닌 홍역이 유행한 적도 있었다.

폴리오(소아마비, 신경마비를 일으키는 감염병) 백신 접종에도 비슷한 유언비어가 돌았다. 폴리오 백신은 유대인 의사가 만든 백신이라 무슬림 아이들에게 접종하면 성인이 되어 불임이 된다는 이야기였다. 이런 소문 때문에 아프가니스탄과 파키스탄에서 접종이 중단되었고, 오래전 박멸되었다고 믿었던 폴리오가 다시 유행했다. 내전 등의 혼란기를 타고 공중 보건 수준이 떨어지면서 폴리오는 더욱 확산되었고, 국경 너머 탈출하는 난민들을 따라 인근 국가로도 번졌다.

천연두 때도, 홍역 때도, 폴리오 때도 최악의 피해자는 죄 없는 아이들이다. 가짜 뉴스나 음모론보다는 과학을 믿어야 한다. 그것이 생존에 훨씬 더 유리하다.

함께 생각해 볼 거리

- 태어나서 지금까지 무슨 백신을 맞았나? 이 백신들은 어떤 병을 예방하나? 부모님이 접종 수첩을 가지고 있으면 한번 꼼꼼히 확인해 보자. 정부24 홈페이지에서 확인할 수도 있다.

- 우리나라에 처음 도입된 백신은 무엇일까?
- 코로나 백신과 관련된 가짜 뉴스에는 무엇이 있을까? 과거의 사례와 특별히 다른 점이 있을까?
- 성인이 되어도 꼼꼼히 챙겨 맞아야 할 접종은 무엇이 있을까?

함께 감상할 작품

- 사이먼 웰스, 〈발토〉. 디프테리아가 도는 알래스카의 외딴 마을로 한겨울 추위를 뚫고 개썰매를 몰아 면역 혈청을 운반하는 이야기를 담은 애니메이션.
- 스티븐 소더버그, 〈컨테이전〉. 21세기형 질병이라고 불리는 '접촉성 전염병'을 본격 해부한 영화.

함께 방문할 웹사이트

질병관리청에서 운영하는 예방접종도우미 웹사이트. 국가예방접종 항목, 기타 예방접종 항목 등을 알 수 있다. 어린이 국가 접종 질병은 총 16+1종이다.

해외여행 건강정보 웹사이트. 해외여행 전에 맞아야 할 백신을 알 수 있다.

7장

보이지 않지만 강력한

미생물과 바이러스

어니스트 보드, 〈레이우엔훅과 그의 현미경〉(1912).

"바이러스는 단백질 껍질에 싸인 나쁜 뉴스다."

— 피터 메더워

"세균은 인간보다
100,000,000,000,000,000,000배 많다."

— 제럴드 N. 캘러헌, 《감염》[1]

1969년에 미국의 공중위생국장 윌리엄 스튜어트는 "전염병의 시대가 저물고 있다!"라고 자신만만하게 선언했다. 그럴 만도 했다. 하늘에는 초대형 여객기 보잉 747이 날았고, 인간은 달에 발자국을 남겼으며, 자고 나면 새로운 항생제들이 쏟아져 나왔다. 하지만 섣부른 선언이었다. 1980년대에 여봐란듯이 에이즈가 나타났다. 이후로도 신종 감염병들이 줄지어 등장했고, 지금은 코로나19로 전 세계가 시름에 잠겨 있다. 이렇게 오래갈 줄도, 심각해질 줄도 몰랐다. 언제 끝이 날까? 아니, 끝이 있을까? 그 이전의 삶으로 되돌아갈 수 있을까? 앞날이 궁금하기만 하고 답답한 마음만 앞선다. 이럴 때일수록 마음을 다잡고 미생물학의 과거를 한번 살펴보자. 미래란 모름지기 과거와 현재 속에 있는 법이니까.

세균 대발견의 시대

전염병, 즉 옮는 병은 오래전부터 사람들이 알아챘다. 한센병 환자들은 마을에서 내쫓겨 외지에 격리되었고, 페스트 유행지에서 온 선박은 검역이라는 이름으로 일정 기간 격리되었다. 하지만 미생물이 이런 병을 옮기는지는 까맣게 몰랐다.

16세기 중반에 이탈리아의 의사이자 자연과학자인 지롤라모 프라카스토로(1478~1553)는 '아주 작은 생명체'가 '질병의 씨앗'이 되어 다른 사람의 몸에 들어가 싹을 틔운다고 주장한다. 전염병의 원인을 작은 생물체(미생물)로 생각한 것이다.

1683년, 네덜란드의 포목상이자 아마추어 과학자 안톤 판 레이우엔훅(1632~1723)은 직접 발명한 현미경으로 입안에 사는 세균을 처음으로 발견한다. 하지만 이렇게 작고 하찮은 존재가 병을 일으킨다고는 생각하지 않았다. 질병과 미생물을 엮은 사람은 200년 후의 루이 파스퇴르였다.

1870년대에 파스퇴르는 술맛을 좋게 하는 것(발효)이나 술맛을 망치는 것(부패) 모두 미생물의 조화라는 것을 알았다. 여기서 더 나아가 미생물이 동물의 몸도 상하게 할 것이라는 주장을 편다. 이것이 세균론이다. 하지만 의사들은 화학자인 파스퇴르의 이론을 쉽게 받아들이지 않았다. 조지프 리스터가 그의 이론을 받아들여 소독 수술을 시작한 것은 매우 이례적인 사건이었다.

파스퇴르의 주장을 완성한 사람은 독일 의사 로베르트 코흐였다. 코흐는 세균 배양법과 염색법을 개발해 1880년대에 결핵균과 콜레라균을 발견한다. 파스퇴르가 두루뭉술하게 '균이 병을 일으킨다'고 했다면 코흐는 '이 병의 원인은 이 균이고, 저 병의 원인은 저 균이다'라고 꼭 집어서 밝혔다.

미생물학의 새벽을 이끈 파스퇴르와 코흐는 많은 면에서 비교된다. 파스퇴르가 나이도 스무 살 많았고, 연구소도 4년 먼저 세웠다. 파스퇴르연구소는 여러 나라에서 온 여러 전공자와 여성 연구원들도 한데 어울려 일하는 개방적인 분위기의 민간 연구기관이었던 데 반해, 베를린의 코흐연구소는 남자들만, 그것도 거의 다 독일인 의사들이 일하는 곳이었다. 또한 위계질서와 배타적인 분위기가 강한 국립 연구 기관이었다.

두 연구소의 수장은 서로에 대한 강한 라이벌 의식이 있었다. 파스퇴르는 코흐연구소에 대한 적대감을 숨기지 않았다. 서로의 이론에 조금이라도 틈이 보이면 후벼 파고들었다. 덕분에 서로를 의식하며 완벽한 연구를 추구했고, 그 결과 미생물학은 빠른 속도로 발전했다. 역사적으로 보기 드문 선의의 경쟁이었다.

기생충 질환 말라리아

역사적으로 가장 많은 사람을 감염시킨 질병은 말라리아이다. 말라리아는 고대 그리스 로마 시대부터 유럽인을 괴롭혔다. 로마인들은 습지의 눅눅하고 독한 기운이 말라리아를 일으킨다고 생각해서 '나쁜(mal) 공기(aria)'라는 뜻의 말라리아(malaria)로 불렀다. 19세기 말 이탈리아에서만 매년 200만 명이 말라리아에 걸렸다.

1879년, 알제리 주둔 프랑스군 군의관 샤를 루이 알퐁스 라브랑(1845~1922)은 환자의 핏속에서 초승달 모양이며 꼬리가 달린 말라리아 원충을 발견한다. 영국의 의사이자 기생충학자인 패트릭 맨슨(1844~1922)은 모기 때문에 말라리아에 걸린다고 추정했고, 그의 제자인 인도 주둔 영국군 군의관 로널드 로스(1857~1932)는 모기가 새를 흡혈할 때 말라리아 원충을 옮기는 것을 확인했다. 이탈리아의 동물학자인 조반니 그라시(1854~1925)는 모기가 피를 빨 때 말라리아 원충을 사람 몸속에 주입한다는 것을 밝혔다.

말라리아는 열대지방에 식민지 건설을 꿈꾸는 열강에 특히 골칫거리였다. 1897년 인도에서 영국군 18만 명이 말라리아에 걸렸고, 인도인들은 500만 명 이상이 목숨을 잃었다. 전투력과 노동력의 상실을 불러오는 말라리아는 열강들의 큰 관심거리가 되었고, 주로 열대지방에서 많이 발생하는 질병을 연구하는 열대의학

로마에서 잡은 말라리아 모기를 로마에서 런던으로 보낼 때 사용한 모기장.

(tropical medicine)이라는 분야가 세상에 나오는 계기를 마련했다.

말라리아에 걸리면 사나흘 간격으로 열이 심하게 난다. 이 성질을 이용해 불치의 말기 매독을 치료한 적도 있다. 오스트리아의 정신과 의사인 율리우스 바그너야우레크(1857~1940)는 열에 약한 매독균을 삶아 죽일 요량으로 매독 환자에게 말라리아 원충을 주사했다. 환자는 몸이 펄펄 끓었고, 그 열에 매독균도 죽었다. 허황된 것처럼 보였지만 매독의 말라리아 치료법은 효과가 있었고, 그 업적을 인정받아 바그너야우레크는 1927년에 노벨 생리 의학상을 받았다.

말라리아 치료제는 아메리카 대륙에서 수입한 기나나무 껍질에서 유효 성분을 추출한 키니네와 합성 키니네인 하이드록시클로로퀸(2020년에 코로나19 치료제로 언론의 조명을 받았다) 등이 나왔다. 20세기 중반에는 유기염소 계열의 강력한 살충제 DDT(dichloro-diphenyl-trichloroethane)가 나와 말라리아를 옮기는 모기를 퇴치해 말라리아 예방에 전환점이 되었다.

하지만 DDT를 이겨 내는 내성 모기가 등장했고, 환경오염 문제가 드러나 DDT는 퇴출되었다. 예방 백신 개발도 해 보았지만 실패했다. 유전공학을 이용해 말라리아에 내성을 일으킨다거나 아예 불임 모기를 만들어 우세종으로 퍼뜨리려는 다소 엉뚱해 보이는 노력도 하고 있다.

말라리아는 지금도 해마다 2억 3000만 명을 앓아눕게 하고 40만 명 이상의 목숨을 앗아가는 현재진행형의 무서운 병이다. 하지만 환자의 90퍼센트가 아프리카에서 발생하다 보니 선진국에서는 강 건너 불구경이다. 제약 회사들도 수익성이 낮으리라 예상하기에 관심이 없다.

다행히도 2021년 10월에 최초의 말라리아 백신이 WHO의 승인을 받았다. 이 백신이 성공한다면 노벨상 위원회가 가만두지(?) 않을 것이다. 노벨상 위원회는 말라리아 연구와 관련해 이미 네 개의 상을 수여했지만, 문제가 완전히 해결되려면 열 개 정도는 더 필요할지도 모르겠다. 어쩌면 노벨상을 받을 가장 확실한 연구 분야는 말라리아가 아닐까?

세균보다 작은 바이러스의 발견

미생물은 현미경으로 봐야 보이는 작은 생명체로 대부분 단세포 생명체를 뜻한다. 초창기 미생물학자들은 대부분 세균을 연구하는 세균학자였다. 하지만 세균보다 작아 (광학) 현미경으로 볼 수 없고, 생명체라고도 보기 힘든 또 다른 존재가 발견되었다. 바로 바이러스였다. 바이러스는 독립적으로 생존하지 못해 살아 있는 숙주 내에서만 증식하는 감염성 물질로 단백질 껍질이 유전체를 감싼 구조이다.

19세기 말에 유럽 담배 농가에 큰 타격을 준 오갈병(담배모자이크병)을 연구하던 농학자와 식물학자들이 세균보다 작은 신종 병원체를 발견하고 '독'이라는 뜻으로 바이러스라고 이름 붙였다. 최초로 발견된 이 바이러스에는 담배모자이크바이러스(tobacco mosaic virus, TMV)라는 이름이 붙었다. 이후로 동물의 구제역 바이러스, 사람의 황열병과 광견병 바이러스도 잇따라 발견되었다. 1933년에는 스페인 독감의 원인 바이러스가 발견되었다.

한편으로 미국 생화학자 웬들 스탠리(1904~1971)는 담배모자이크바이러스가 단백질과 핵산인 RNA로 이루어진다는 것을 밝혔다. 1939년에는 담배모자이크바이러스를 전자현미경으로 보았고, 1955년에 그 세부 구조를 X선 회절 기술로 확인했다. 1956년에는

한탄 바이러스를 발견한 이호왕 박사의 흉상.

RNA가 담배모자이크바이러스의 유전물질임을 밝혔고, 유전공학의 시대가 열리면서 최초의 유전자 변형 농작물의 생산에 이 바이러스를 사용했다.

그사이 신종 바이러스 감염병들도 속속 등장한다. 6·25전쟁 중에 우리나라 한탄강 유역에서 처음 발견된 '한국 출혈열'이 대표적이다. 원인 바이러스의 이름은 한탄(Hantaan)이다. 이것은 시작에 불과했다. 이후로 세계 곳곳에서 다양한 바이러스성 출혈열이 발견되었고, 가장 유명한 것이 1976년의 에볼라 출혈열이다. 1983년에는 에이즈의 원인이 되는 인간면역결핍바이러스(human immunodeficiency virus, HIV)를 확인했다.

의학의 발전으로 인류는 세균성 질병의 고통으로부터는 비교적 자유로워졌지만, 바이러스성 질병은 여전히 기세가 등등하다. 1997년에는 홍콩에서 시작한 조류독감(AI), 2003년 사스(SARS), 2009년 신종 플루, 2015년 메르스(MERS)가 우리에게 큰 고통을 주었다. 그리고 지금, 우리는 2019년에 시작한 코로나19로 괴로워하고 있다. 이 바이러스 질환들은 새, 박쥐, 돼지, 낙타 등의 다른 동물 숙주로부터 사람에게 넘어온 인수공통병(zoonosis)에 속한다.

세포 속에 기생하는 생명체인 바이러스는 인간의 삶과 떼려야 뗄 수 없는 사이다. 우리가 자라면서 맞은 대부분의 접종은 바이러스 때문인데, 그것으로도 부족해 가을이 오면 독감 백신을 맞아야 한다. 앞으로 코로나 백신도 매년 맞아야 할지 모르겠다.

바이러스는 우리에게 생명의 비밀을 푸는 열쇠도 주었다. 바이러스의 유전학을 연구하다가 분자생물학이 탄생했다. 바이러스 복제를 막으려 개발된 약물은 항암제가 되었다. 유전자의 기능을 연구하는 데도 바이러스가 중요한 역할을 한다.

바이러스 자체가 백신 또는 유전자 치료제가 되기도 했다. 감기를 일으키는 아데노바이러스는 코로나19의 백신으로 쓰인다. 입술에 물집을 만드는 단순포진바이러스는 암세포를 파괴하는 저격수로 나설 기세다.

우리는 질병을 일으키는 바이러스를 주로 접하기 때문에 바이러스가 나쁘기만 한 것 같지만 질병과 무관한 바이러스도 많다. 이 '좋은' 바이러스들은 진화의 오랜 여정 속에서 DNA의 종간 이동에도 끼어들어 생물의 진화를 부추겼다. 바다에도 엄청나게 많은 바이러스가 있어 지구 생태계의 균형을 잡아 준다. 이 정도가 우리가 바이러스에 대해 아는 것이다. 바이러스학에는 앞으로 밝혀질 미지의 영역이 무궁무진하다.

신종 감염병의 위협

19세기 중반에 시작된 미생물학은 많은 감염병 문제를 해결했다. 20세기 중후반에 감염병을 정복하리라는 낙관적인 분위기가 있었지만, 곧 참담한 현실이 드러났다. 신종 감염병, 변종 병원체, 인수공통병, 항생제 내성이 문제가 될 것이기에 앞으로도 우리는 감염병에서 벗어날 수 없을 것이다.

새로운 병들은 어쩌면 인간들의 손으로 창조하는지도 모른다. 인류가 자연을 마구잡이로 헤집어 놓는 바람에 그 속에 숨어 있던 미생물들은 어쩔 수 없이 인간과 접촉한다. 그리고 인간의 면역 레퍼토리에 없던 신종 생물은 인간에게 병을 일으킨다.

환경 파괴가 심한 곳은 인간들이 굶주리고 보건 의료 체계가 붕괴해 위생 수준이 형편없는 곳이기도 하다. 이런 환경은 인간을 쉽게 병들게 하고, 병이 쉽게 퍼지게 한다. 그러다가 전 세계로 연결된 어느 공항에서 서구의 대도시로 날아가는 비행기에 오른다. 그러면 신종 감염병이 창궐한다. 벌써 이런 일이 여러 번 있었다.

분명한 사실은 인류가 다른 생명과 자연에 대한 존중심을 회복하고 끝없는 욕심을 버리지 않는다면 끔찍한 팬데믹은 언제든 다시 돌아올 것이라는 점이다.

함께 생각해 볼 거리

- 환경 파괴는 어떻게 신종 감염병을 일으킬까?
- 바이러스는 왜 생물의 자격이 없을까?

함께 읽을 책

- 피터 피오트, 《바이러스 사냥꾼》. 에볼라와 에이즈를 발견한 미생물학자의 고군분투기.
- 폴 드 크루이프, 《미생물 사냥꾼》. 초창기 미생물을 연구한 과학자들의 피 튀기는 현장 이야기.

함께 가 볼 곳

- 여수 애양원 역사박물관. 한센병 환자를 수용하고 치료했던 시설이다.
- 동두천 자유수호평화박물관 내 이호왕기념관. 한탄바이러스 발견 관련 자료들이 있다.

8장

푸른곰팡이의 비밀

항생제와 항바이러스제

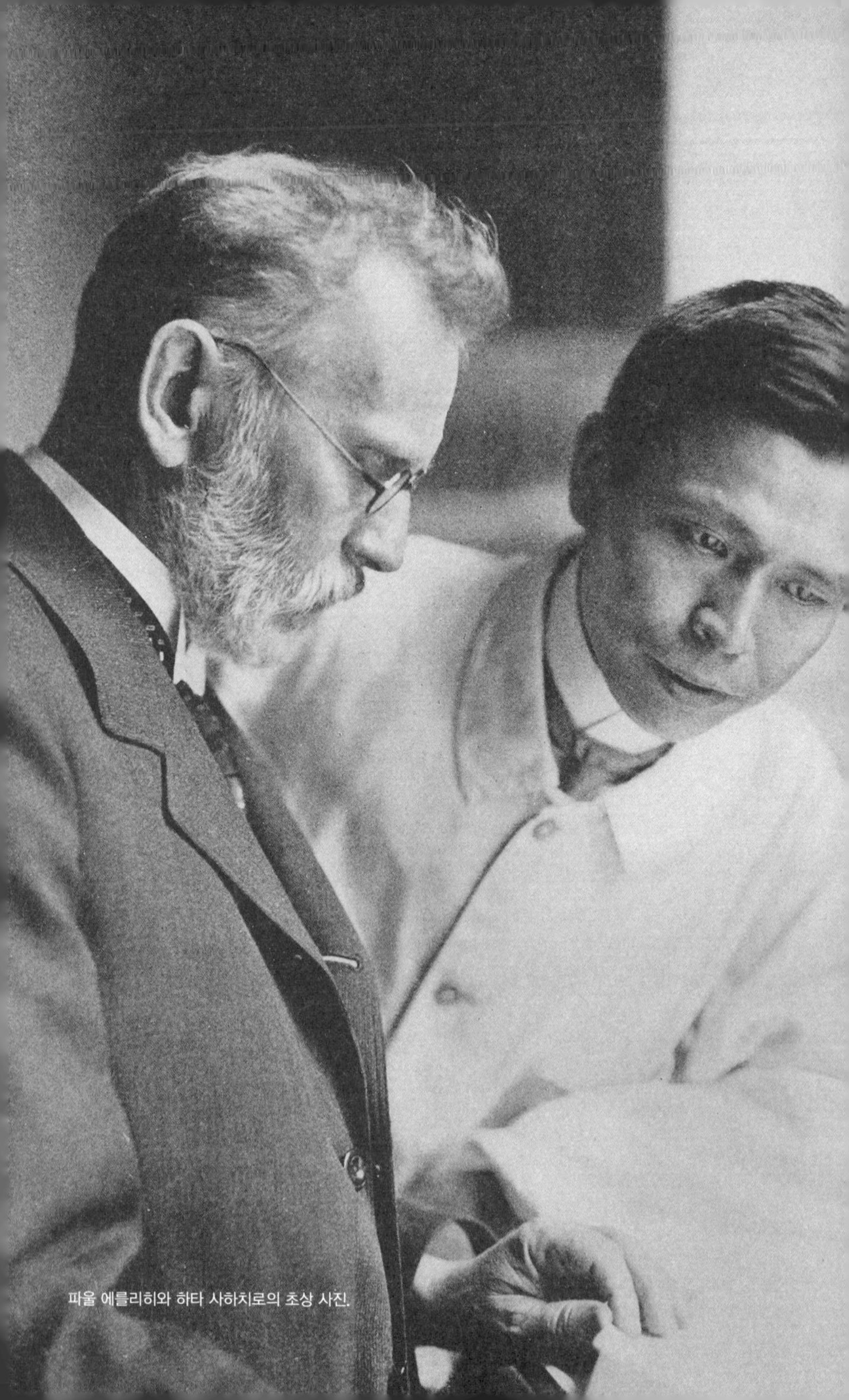

파울 에를리히와 하타 사하치로의 초상 사진.

“발견이란 준비된 마음을 만나는 우연한 사건이다.”

— 얼베르트 센트죄르지[1]

“문제는 이랬다./결코 병원균은 그렇게 많이 죽지 않았다./
병원균이 몇 톤씩 죽어 넘어졌지만,/남은 소수의 병원균이/사악해졌다.”

— 파블로 네루다, 〈얼마나 살까?〉[2]

불과 몇 년 전까지만 해도 환자들이 찾아와 염증이 생기면 먹으려고 한다며 ‘마이신’을 처방해 달라고 부탁하곤 했다. 여기서 ‘마이신’은 항생제를 뜻한다. 2000년 의약분업 이전에는 누구든 처방 없이도 약국에서 항생제를 살 수 있었는데, 대부분 이름이 ‘~마이신’이었기에 항생제의 대명사가 되었다. ‘마이신’ 외에도 우리에게 익숙한 항생제의 이름이 많다. 페니실린, 설파제 등 역사적으로 유명했던 항생제가 한둘이 아니다. 항생제는 왜 이렇게 종류가 많은 것일까? 항생제의 역사에서 그 이유를 찾아보자.

에를리히의 합성약 606호

로베르트 코흐처럼 의사이면서 루이 파스퇴르처럼 화학자이고 에밀 폰 베링처럼 면역학자이기도 한 파울 에를리히는 '화학요법(chemotherapy)의 아버지'라고 불린다. 화학요법이란 자연에서 얻은 동물·식물·광물이 아닌 사람이 만든 화학물질(chemical)로 치료(therapy)하는 것을 말한다. 의대생일 때부터 화학물질에 매료된 에를리히는 졸업 후에도 진료는 포기하고 조직을 염색하고 현미경으로 관찰하는 연구를 평생의 진로로 잡았다.

에를리히는 약·독·색소가 특별히 잘 결합하는 조직이나 장기가 있는 것을 알아챘다. 만약 특정 화학물질이 특정 조직에 잘 달라붙는다면 그 성질을 이용해 치료제를 만들 수 있지 않을까? 이를테면 우리 몸속에 들어온 병균에 잘 들러붙는 물질을 만들면 병균을 쉽게 죽일 수 있지 않을까?

그때 프랑스의 의학자 샤를 루이 알퐁스 라브랑은 아프리카에서 유행하던 수면병의 원충인 파동편모충을 독약의 일종인 비소로 죽이는 방법을 연구하고 있었는데, 1901년 그 소식이 에를리히의 귀에 들어갔다. 비소는 원충을 잘 죽였지만 사람에게 쓰기에는 너무 위험했다. 에를리히는 비소의 구조를 살짝살짝 바꿔 가며 독성을 줄이는 연구를 시작했다. 그러던 중 매독균이 파동편모충과 많이 닮았다는 사실을 알고 서로 닮았으니 약도 듣지 않을까 하는 기대감으로 비소 합성 약을 매독균에 시험해 본다. 유럽에 만연한 매독도 큰 문제였기 때문이다.

합성약 1호가 실패하자 에를리히는 2호, 3호를 시도했다. 그렇게 605호까지 실패한 다음 606호에서 마침내 성공을 거두었다. 이것이 인간이 만든 최초의 화학(물질) 치료제 살바르산(salvarsan, 매독에서 구원salv하는 비소arsen라는 뜻)이다.

오랜 세월 매독의 유일한 치료제로 썼지만 효과는 의문스럽고 부작용은 넘쳤던 수은을 대신해 1910년에 나온 살바르산, 그리고 그 후 발명된 개량형 네오살바르산은 이름에 걸맞게 매독 환자들을 '구원'했다.

에를리히는 신약이 크루즈미사일(그 자신은 '요술 총알'이라고 불렀다)처럼 매독균만 정확히 찾아가 공격하길 바랐지만 인체 조직들도 부수적인 피해를 보는 부작용이 있었다. 하지만 한 가지는 분명해졌다. 이제 동물·식물·광물처럼 자연에서 얻는 약 외에 인간의 손으로 만든 화학물질도 치료제로 쓸 수 있다는 것 말이다. 약을 만드는 것은 연금술사의 손, 식물학자의 손에서 화학자의 손으로 넘어갔다. 화학 치료의 역사가 열린 것이다.

도마크의 설파제

에를리히는 성향이 특이한 의대생이었지만 독일의 게르하르트 도마크(1895~1964)는 특별한 경험을 한 의대생이었다. 1학년 때 제1차 세계대전이 터지자 도마크는 여느 독일 청년들처럼 애국주의 광풍에 휩쓸려 자원입대했다. 서부전선에서 부상을 입은 그는 동부전선의 야전병원에서 의무병(위생병)으로 복무하게 되었다. 야전병원에서 도마크는 의사들이 아무리 수술을 잘해도 상처 난 자리가 감염되면 죽은 목숨이라는 것을 뼈저리게 깨달았다. 전쟁은 끝났고, 도마크는 살아서 귀향했지만, 그의 마음 깊은 곳에는 평생의 적이 될 이름이 깊이 남았다. 감염이라는 적이었다.

도마크는 의사가 되었지만 진료는 그만두고 제약 회사에 들어갔다. 신약 개발 연구소에서 화학자들이 병원균을 공격할 신물질을 합성하면 도마크가 효능과 안전성을 시험했다. 1927년부터 4년 동안 3000종이 넘는 화학물질을 시험했고, 1934년에 프론토질(Prontosil)을 내놓았다. 프론토질은 부상병들의 목숨을 앗아 간 상처 감염은 물론이고 임산부들을 괴롭힌 산욕열에도, 골반염, 편도선염, 폐렴, 임질, 뇌막염 등에도 효과가 있었다.

이어진 연구를 통해 프론토질의 유효 성분이 엉뚱하게도 '황(sulphur)'이란 사실이 밝혀져 지금도 흔히 설파제(sulfa=황)라고 부른다. 황은 이미 오래전부터 써 왔던 값싸고 흔한 물질이라서 특허 대상도 되지 못했다. 다시 말하면 누구라도 설파제를 만들 수 있었다!

1942년까지 무려 3600여 종의 설파제가 쏟아져 나왔다. 그중 설파피리딘, 설파다이어졸, 설파다이아진, 설파구아니딘이 유명한 설파제 4인방이다. 특히 연쇄상구균에 잘 듣는 설파다이아진은 미군이 우리나라에 들여와 '다이아찡'이라고 불리며 우리 국민의 사랑을 받았다. 제2차 세계대전을 다룬 영화 속에 부상병들의 상처에 뿌리는 가루약이 바로 설파다이아진이다. 지금도 화상 때 바르는 하얀 크림(실바덴) 속에 들어 있다.

1939년에 제2차 세계대전이 터졌을 때, 적어도 독일과 영국, 미국의 병사들은 도마크의 설파제 덕분에 감염병에서 해방되었다. 1943년 12월에는 급성폐렴에 걸린 거물 정치인도 설파제 때문에 목숨을 건졌다. 바로 영국의 전 총리 윈스턴 처칠(1874~1965)이다. 이때가 설파제의 최전성기였다.

다시 천연 물질로, 페니실린의 등장

도마크의 프론토질이 나오기 전인 1929년에 영국의 미생물학자인 알렉산더 플레밍(1881~1955)은 푸른곰팡이(페니실리움)의 항균 효과를 발견한다. 사실 곰팡이의 항균 효과는 예로부터 알려져 왔다. 문제는 항균 성분을 잘 다듬어 약으로 만드는 작업이었는데, 당시 플레밍의 능력을 넘는 일이었다. 하지만 플레밍은 이 일에 관심 있는 화학자들도 찾아보았고, 누구든 원하면 항균 곰팡이도 나누어

플레밍의 푸른곰팡이(좌)와 초창기 페니실린(우).

주었다. 하지만 도마크의 프론토질이 크게 성공하자 푸른곰팡이의 장래는 어둡다고 생각하고 연구를 접고 만다.

잊힌 플레밍의 발견을 새로 시작한 사람은 오스트레일리아의 병리학자 하워드 플로리(1898~1968)와 독일 출생의 영국 생화학자 언스트 체인(1906~1979)이었다. 두 사람은 플레밍이 발견한 항균 성분을 '페니실린'이라고 불렀고, 대량 생산하는 법도 알아냈다.

두 사람은 상업화 내지는 실용화에 드는 비용을 부담해 달라고 영국 정부에 요청했지만 전쟁 중이라 여력이 없다는 답을 듣고 미국 정부를 찾아갔다. 전쟁을 목전에 둔 미국 정부는 이 제안을 받아들여 페니실린을 만들었고, 비밀 전략 군수물자로 비축한다.

미국은 1941년 12월 진주만 피습 때 이미 설파제를 비축하고 있었고, 1944년 6월 노르망디 공격 때는 페니실린도 비밀리에 비축하고 있었다. 민간인들에게 페니실린이 풀린 것은 전쟁이 끝난 후였다. 페니실린은 설파제보다 더 많은 감염병에 효과가 있었고 부작용은 덜했다. 설파제보다 한 수 위였다. 1947년이 되면 페니실린을 두고 설파제를 쓰는 의사는 구닥다리 취급을 받는다. 하지만 역설적이게도 설파제의 전성기이자 페니실린의 데뷔 시절에는 곰팡이에서 추출한 성분(페니실린)보다 실험실에서 깔끔하게 합성하는 약(설파제)이 더 과학적으로 보여 의사들이 좋아했다.

페니실린도 개량형이 나오면서 메티실린, 앰피실린, 아목사실린, 티카실린 등의 계보를 이어갔다. '~실린'이란 이름의 항생제면 페니실린 가문의 후손으로 보면 된다.

항생제의 황금기

프론토질의 등장이 세계 곳곳에 있는 연구소에서 설파제를 합성하는 연쇄반응을 불러왔다면, 페니실린의 성공은 다양한 항균 물질의 보물 창고인 미생물이라는 신대륙으로 가는 항로를 열었다. 이름만 들어도 알 만한 항생제들이 1950년대부터 1970년대까지 쏟아져 나왔다. 이때를 '항생제의 황금기'라고 부른다.

토양 미생물을 연구하던 우크라이나 태생의 미국 미생물학자인

스트렙토마이신의 고향. 미국 뉴저지 럿거스대학교 왁스먼연구소.

셀먼 왁스먼(1888~1973)은 흙 속에 사는 미생물들이 죽기 살기로 화학물질을 내뿜으며 다른 생명체와 맞서 싸우는 현상을 발견했다. 이 현상을 '항생 현상(anti-biosis)', 내뿜는 물질을 '항생물질(antibiotic)'이라고 불렀다. 그는 토양 미생물들의 '화학무기'들 중 하나를 인간이 쓸 수 있도록 만들었는데, 이것이 1943년에 나온 최초의 결핵 치료제 스트렙토마이신이다. 잇따라 네오마이신, 겐타마이신, 토브라마이신 등의 후손이 뒤를 따르며 아미노글리코사이드계(aminoglycoside) 항생제의 계보를 구축했다.

이후로 클로람페니콜, 에리트로마이신, 세팔로스포린(세파계), 플루오로퀴놀론(퀴놀론계) 등의 항생제가 나왔다. 물론 지금도 치료에 쓰인다.

내성균의 등장

그런데 문제가 생겼다. 처음에는 잘 듣던 항생제들이 점점 약효가 떨어졌다. 이를 내성(耐性)이라고 부른다. 병원균이 항생제에 적응해 버텨 낸다는 뜻이다.

설파제 내성은 7년 만인 1942년에 생겼다. 오남용이 문제였다. 다행히 1945년에 페니실린이 나왔지만, 페니실린 내성도 곧 생겼다. 아무리 좋은 항생제라도 오남용하면 내성이 반드시 생긴다는 교훈을 잊어버린 것이다. 또 새로운 항생제가 등장해서 안도의 한숨을 내쉬지만, 얼마 지나지 않아 또 내성이 생기고……. 이런 일이 도돌이표처럼 반복된다! 이렇게 70년이 반복된 후 전문가들은 그제야 깨달았다. 이런 식으로 항생제를 쓰면 그 어떤 항생제도 듣지 않는 슈퍼박테리아가 등장해 종합병원 중환자실이 항생제의 선사시대로 되돌아갈 수도 있다고 말이다.

내성균은 어떻게 생길까? 항생제를 정확한 용량으로 쓰지 않고 약하게 쓰면 균은 죽지 않고 맷집을 키워 내성균으로 변할 수 있다. 한편으로는 항생제가 뿌려졌을 때 항생제를 이겨 내는 돌연변이가 있었다면 이것만 살아남아 자손을 퍼뜨려 내성균이 우세종이 된다. 균들끼리 내성 유전자를 공유하여 내성균이 될 수도 있다. 마치 야구 선수들이 더그아웃에 앉아 상대했던 투수의 공에 관한 이야기를 나누면 아직 그 투수를 상대하지 않은 선수가 공에 대한 대응 능력이 생기는 것과 같다. 균들은 플라스미드(plasmid)라고 하는 유전자 조각을 주고받으며 이런 일을 한다. 이런저런 항생제가 들어간 환자의 몸속은 내성 정보를 교환하는 균들이 항생제 정보를 활발히 교환하는 공론의 장이 될 수 있다.

페니실린은 1941년에 나왔지만 내성은 이듬해에 발견되었다. 페니실린 내성균 문제를 해결하러 나온 메티실린은 1960년에 나오자마자 내성균(MRSA)도 나왔다. 내성균 전문 킬러로 기대를 모으며 1958년에 나온 반코마이신은 30년 후에 내성균(VRE)이 나왔다. 1987년에 나온 퀴놀론계의 유망주 시프로플록사신의 내성균은 20년 만에 나왔다. 최근에는 2~3년 이내에 신종 항생제에 대한 내성균이 출현하는 실정이다.

전문가들의 걱정이 결코 엄살이 아니다. 지금이라도 항생제 사용에 대한 경각심을 가져야 한다. 그렇지 않으면 설파제가 나오기 전인 무항생제의 선사시대로 되돌아갈 위험이 있다.

최초의 항바이러스제

항생제가 감염병을 퇴치하기 시작한 1940년대 중반에 일부 바이러스 질병에도 항생제를 써 보았지만 효과가 없었다. 세균은 그 자체가 하나의 독립된 생명체다. 스스로 에너지를 만들고 자신의 유전자를 이용해 단백질도 만든다. 단백질은 생명체의 구조와 기능에 중요하다. 세균은 사람 몸에 들어와도 이러한 생명 기능을 유지하는데 이 점이 항생제의 공격 표적이다. 항생제가 사람을 세균으로 오인하여 공격하는 일은 거의 없다.

하지만 바이러스는 유전자를 단백질이라는 겉옷으로 감싼, 너무나도 단순한(?) 병원체이다. 생명체라면 저 혼자 힘으로 살아가고 자손을 낳아야 하는데, 바이러스는 그 능력조차 없다. (바이러스를 생명체라고 부르면 화를 버럭 낼 바이러스학자도 있을 것이다!) 바이러스는 생존을 위해 다른 세포 속에 숨어들어 그 세포의 생명 기구를 탈취하여 복제를 시작한다. 바이러스 같은 세포 내 기생체를 공격하면 세포까지 피해를 입을 수밖에 없다. 그래서 약 개발이 더디었다.

최초의 항바이러스제는 1959년에 나온 이독수리딘(idoxuridine, IDU)이다. 항암제로 개발되었지만 헤르페스바이러스(herpes virus, HSV)에 효과가 있었다. 하지만 부작용이 심해 1962년부터 헤르페스성 눈병 치료 연고로만 썼다. 1971년에는 부작용이 적어 주사로 맞거나 먹을 수 있는 아시클로버가 나왔다. 아시클로버로부터 여러 약이 나와서 지금도 헤르페스 감염이나 대상포진 등에 널리 쓰고 있다.

스페인 인플루엔자로 인류에게 지울 수 없는 트라우마를 남긴 독감에 관해서는 진작부터 치료제 개발에 매달렸다. 1964년에 A형 독감 치료제인 애먼타딘이 나왔지만 내성 때문에 사실상 무용지물이 되었다(지금은 파킨슨병 치료제로 쓴다). 1993년에 나온 들이마시는 약 자나미비르(리렌자)와 1997년에 나온 먹는 약 오셀타미비어(타미플루)는 지금도 쓰고 있다.

폴리오나 천연두 치료제도 연구했지만 둘 다 백신의 그늘에 가려 개발을 중단했다. 백신으로 예방을 잘하면 치료제를 쓸 일은 줄어들 수밖에 없다. 하지만 백신이 완벽하지 않고 감염자가 많으며 간암으로 진행하는 간염 같은 질병은 항바이러스제와 인터페론을 치료제로 쓴다.

에이즈가 항바이러스제 개발에 불을 붙이다

항생제, 백신, 천연두의 퇴치 등등의 성과가 무르익은 1970년대에 인류는 조만간 감염병을 정복할 것이라는 낙관론에 취했다. 하지만 이를 비웃듯이 1980년대 초에 전혀 새로운 감염병이 나타났다.

감염과 싸우는 면역계 자체를 공격해 면역 무방비 상태로 만드는 에이즈(AIDS)였다.

제일 처음 에이즈 치료제로 나온 것은 AZT(아지도티미딘, 지도부딘, 레트로버로 불린다)이다. AZT는 1964년에 백혈병 치료제로 개발되었지만 효과가 신통치 않아 창고에 보관해 둔 물질이었다. 하지만 뒤늦게 인간면역결핍바이러스에 효과가 좋은 것을 알아 20년 만에 늦깎이 신인으로 실전 투입을 준비한다.

신약이 나오면 보통 10년 정도 임상 시험을 거쳐야 하지만 당시 상황이 다급한지라 (지금의 코로나19 유행처럼) AZT는 신속 사용 결정을 받았다. HIV 유효성 확인과 환자 투약까지 단 25개월, 이 분야의 신기록을 세우고 1987년부터 환자들에게 쓴다. 효과는 놀라웠다. 면역 세포가 새로 자라기 시작했다.

하지만 1년이 지나면 내성이 생겨 약효가 떨어졌고, 환자들은 견디기 힘든 부작용에 시달렸다. AZT가 시간을 버는 동안 DDI(디다노신, 1991), DDC(잘시타빈, 1992), 3TC(라미부딘, 1995) 같은 신약들이 속속 나왔다. 작용 기전은 AZT와 비슷하지만 DDI는 AZT를 사용할 수 없는 환자에게, DDC와 3TC는 AZT와 병합 요법으로 사용하여 훨씬 더 강력한 효과를 냈다.

1995년부터는 새로운 기전의 약물인 사퀴나버·라토나버·인디나버도 에이즈 치료제로 등장했고, 2021년에 승인받은 카보테그

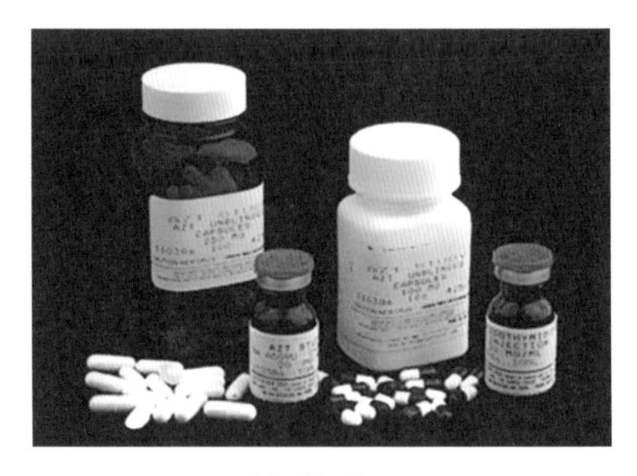

에이즈 치료제 AZT.

라버까지 합하면 미국 식품의약국(Food and Drug Administration, FDA)의 승인을 받은 약만 스물네 개다. 이들을 칵테일처럼 섞어 사용하는 병합 요법도 스물세 가지 방식이 FDA의 승인을 받았다(2021년 기준). 40년 전 에이즈가 처음 세상에 알려졌을 때는 에이즈 진단은 곧 사형선고였지만 지금은 꾸준히 치료받으며 사는 만성질환이 되었다.

지금 돌이켜 보면 에이즈가 서구 사회를 공포의 도가니로 몰아넣은 덕분에 항바이러스제 개발은 큰 추진력을 얻었다. 항바이러스제의 절반은 에이즈 치료제들이니까 말이다.

항바이러스제의 현재와 미래

2020년 봄에는 말라리아 치료제나 항바이러스제 등등이 코로나19 치료에 효과가 있다는 이야기들이 무성했다. 예방 효과가 매우 높을 것으로 기대하는 백신이 등장하면서 치료제 이야기는 한동안 잠잠해졌지만 백신이 질병을 100퍼센트 예방하는 것은 아니고, 기저 질환 등의 이유로 못 맞는 사람들이 있으므로 항바이러스제 개발도 꾸준히 이루어져 왔다. 2021년 말 코로나19 치료제로 사용 승인을 받은 팍스로비드 역시 항바이러스제이다.

우리가 지금 항바이러스제로 공격하는 바이러스들은 인간면역결핍바이러스(HIV), B형간염바이러스(HBV), C형간염바이러스(HCV), 헤르페스바이러스(HSV), 독감바이러스(influenza virus), 거대세포바이러스(hCMV), 대상포진바이러스(VZV), 호흡기세포융합바이러스(RSV), 유두종바이러스(HPV)로 모두 아홉 종류에 불과하다. (코로나바이러스를 공격하는 팍스로비드는 기존의 독감용 항바이러스제를 응용한 복합 항바이러스제이다.)

당장 문제가 되는 코로나바이러스를 비롯해 앞으로도 생길 신종 바이러스 질병은 물론이고 에볼라·사스·황열·지카 등 치료제가 없는 바이러스 감염증은 헤아릴 수 없이 많다. 항생제에 비하면 항바이러스제의 숫자나 규모는 턱없이 부족하다.

이유는 여러 가지가 있다. 우선 항바이러스제는 항생제보다 30년이나 늦게 개발을 시작했다. 그리고 인간과 다른 방식으로 생명을 유지하는 세균은 항생제가 공격할 급소가 많지만, 바이러스는 사람 세포 속에 숨어 있는 '인질범'과 같아 공격이 쉽지 않다. 자연에서 얻은 항생물질이 많은 데 비하면 천연 항바이러스제 성분은 매우 드물다. 이런 것들이 항바이러스제가 아직 희귀한 이유이다.

함께 생각해 볼 거리

- 최근에 항생제를 처방받은 적이 있는가? 어떤 계열의 항생제를 처방받았는지 살펴보자.
- 축산, 어류 양식에도 항생제를 많이 쓰고 있다. 환경이나 인간에게 어떤 영향을 미칠까?
- 세균과 바이러스는 어떻게 다른가? 항생제와 항바이러스제는 어떻게 작용하는가?
- 코로나19 같은 바이러스 팬데믹은 치료제나 백신만 가지고도 해결이 될까? 우리는 생각과 행동을 어떻게 바꾸어야 할까?

함께 읽을 책

- 토머스 헤이거, 《감염의 전장에서》. 설파제를 개발한 도마크의 삶과 연구 이야기를 담았다.
- 스튜어트 B. 레비, 《항생물질 이야기》. 페니실린의 탄생 비화와 내성 문제를 다루고 있다.
- 데이비드 콰먼, 《인수공통, 모든 전염병의 열쇠》. 에볼라, 사스, 에이즈 등 신종 전염병을 살펴본다.

함께 감상할 작품

- 스티븐 스필버그, 〈라이언 일병 구하기〉. 부상병의 상처에 흰 가루인 설파제를 뿌리는 장면을 볼 수 있다.

Part 3

사소하고 위대한 의학 기술

9장

구급 마차에서 헬리콥터까지

응급 수송

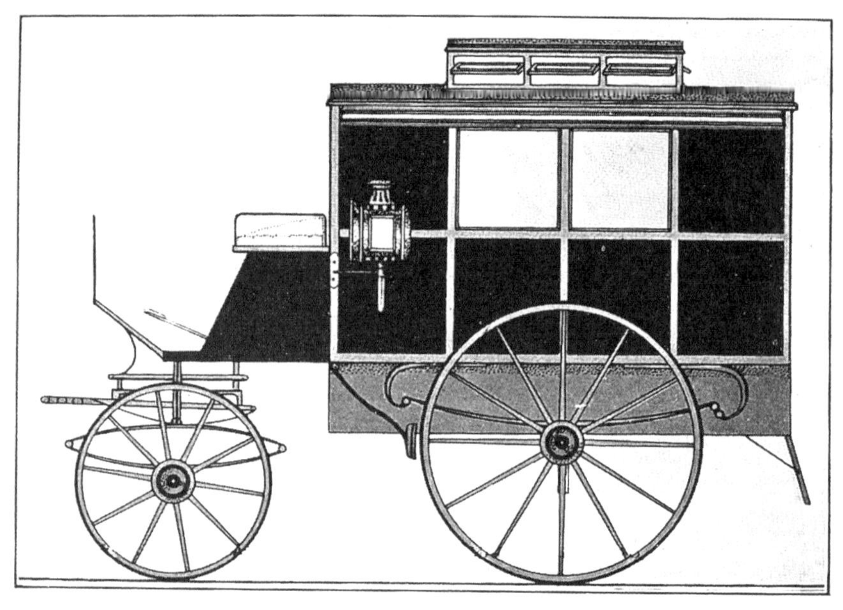

The first Ambulance.

영국 런던 메트로폴리탄망명위원회(MAB)의 첫 앰뷸런스(1930).

“1952년 봄, 길고 긴 이동 끝에 문산 논두렁에 병원을 차리는 천막이 쳐졌다.
우리 제5의무중대 병원은 문산역 건너편 야산 아래에 자리 잡고
계속해서 후송되는 부상병을 치료하였다…….
이때 처음 헬리콥터가 일선의 부상병을 나르기 시작했다.
이전에는 일선에서 병원까지, 앰뷸런스로 후송하던 것이,
헬리콥터로 10분 이내에 후송되어 즉각적인 부상 치료로
많은 생명을 구출한 것이 특기할 만한 진전이었다.”

— 종군 의사 이용각[1]

2020년 12월 18일, 우리나라에서 닥터 헬리콥터가 실어 나른 환자 수가 1만 명을 채웠다. 이 땅에 닥터 헬리콥터가 도입된 지 9년 만이다. 닥터 헬리콥터는 응급 의료 취약 지역에서 생기는 응급 환자를 병원으로 후송할 뿐만 아니라 전문적인 의료 기구와 장비를 탑재하고 있다. 그래서 ‘에어 앰뷸런스’ 또는 ‘닥터 헬기’로 부른다. 우리나라에는 모두 일곱 대가 있다. 물론 닥터 헬리콥터가 아닌 소방청이나 해양경찰 헬리콥터도 하늘로 환자를 실어 나른다.

땅에서는 119, 병원, 보건소의 구급차가 환자를 옮긴다. 소방청 자료에 따르면 2019년에 119 구급대는 약 290만 번 구급 출동해서 186만 명을 후송했다. 이는 인구수로 따지면 1년 동안 우리 국민 28명 중 한 명을 후송한 것이고, 연간 날짜 수로 따지면 매일 약 5000명을 이송하는 셈이다. 우리가 거의 매일 사이렌을 울리며

경광등을 켜고 달려가는 구급차를 보는 이유이다

그렇다면 닥터 헬리콥터는 언제부터 운용되기 시작했을까? 미리 말해 두면 우리나라가 아주 중요한 역할을 했다.

시작은 전쟁터

부상 당한 전우를 안전한 곳으로 옮겨 치료해 주고 싶은 마음은 인지상정이다. 하지만 제 목숨도 부지하기 어려운 생지옥에서 몸을 가누지도 못하는 동료를 부축해 오다가 자칫하면 한꺼번에 두 목숨을 잃을 수도 있다. 더구나 부상병을 구출해 온다고 해도 치료해 줄 의사도 병원도 없다면 부질없는 일이다. 그래서 오랜 세월 동안 부상병은 편하게 죽도록 도와주는 것이 최선이었다.

의사가 본격적으로 합류한 그리스 로마의 군대에서는 군의(軍醫)가 있어 부상병을 돌보았다. 군의가 대기하고 있다는 사실만으로도 군인들은 든든한 마음이 생겨 사기가 올랐다. 중세 유럽에서 팔레스타인과 예루살렘을 이슬람교도로부터 탈환하겠다는 명목으로 서유럽이 일으킨 십자군 전쟁(11세기 말~13세기) 때는 부상자를 치료하는 성 요한 기사단이 십자군의 의료진 역할을 맡았다. 이들은 팔레스타인 현지에 병원도 세웠다.

전쟁으로 쉴 새 없었던 15세기 유럽에는 전투가 끝난 후 부상

라레가 고안한 구급 마차.

병을 말에 실어 옮기는 초기 앰뷸런스가 등장한다. 나폴레옹이 유럽을 호령하던 시기인 19세기 초에는 프랑스군이 획기적인 후송 수단을 만들었다. 포병 장교 출신의 나폴레옹의 군대답게 프랑스군은 포병이 강했다. 육군 군의관인 도미니크장 라레(1766~1842)는 말이 끄는 포차(砲車)를 보고 대포 대신 환자를 옮기고 치료까지 할 수 있는 방을 만들어 말이 끌게 했다. '나는 앰뷸런스'(ambulance volantes)'라고 불린 이 구급 마차는 날아다니듯 빠른 속도로 달려 현장의 부상병을 치료했다. 현대 구급차의 원형이다.

전쟁이 끝난 후에 민간에서도 구급 마차를 도입한다. 뉴욕에서는 의사들이 구급 마차에 의료 기구를 싣고 현장으로 달려가 직접 응급처치도 했다. 런던에서는 말 여섯 마리가 끄는 대형 구급 마차가 등장했는데 뒷문을 크게 만들고 바닥에는 바퀴를 깔아 환자가 누운 침대를 통째로 실었다. 오늘날 우리가 보는 구급차와 같은 구조이다.

자동차의 시대가 되자 말 대신 엔진을 단 구급차가 등장했다. 제1차 세계대전 때는 트럭에 박스를 실은 형태(박스형)의 구급차가 나왔다. 어니스트 헤밍웨이도 이탈리아 전선에서 이 트럭을 몰았다. 제2차 세계대전을 겪으며 구급 후송 체계도 비약적으로 발전했다. 지금도 널리 쓰는 일체형(콤비형) 구급차가 이 무렵 등장했다.

하늘을 나는 앰뷸런스

1950년에 우리 땅에서 터진 6·25전쟁 때 구급차의 역사는 새 장을 연다. 사상 처음으로 앰뷸런스가 하늘을 날았기 때문이다. 바로 구급 헬리콥터의 등장이다. 1941년에 처음 등장한 헬리콥터는 제2차 세계대전 막바지에 동남아시아의 정글과 산악 지대에 추락한 조종사를 구조하는 일에 투입되었다.

6·25전쟁 중에도 적진에 추락한 조종사들을 구출하는 부대가 활동했다. 구조 헬리콥터에는 의무병이 타고 있어 추락하며 다친 조종사는 헬리콥터로 후송 중에 구급처치나 수혈을 받았다. 닥터 헬리콥터의 원조 격이라고 할 만하다. 이렇게 시작한 헬리콥터를

초창기 구급 헬리콥터. 뉴욕 인트레피드 항공우주박물관.

동원한 구조 임무는 점점 후송 임무로 바뀐다.

우리 땅에서 구급 헬리콥터들이 본격적으로 맹활약을 펼친 이유는 순전히 지형 특성 때문이었다. 국토의 70퍼센트가 산악 지형인 데다가 도로 사정이 나빠 바퀴 달린 구급차가 제대로 달릴 여건이 안 되었다. 그 대안으로 아무 곳에서 뜨고 내릴 수 있는 날개 달린 구급차, 헬리콥터가 활약을 펼쳤다.

6·25전쟁 동안 부상병 2만 5000명이 헬리콥터를 탔다. 빠른 후송 덕분에 부상병의 십중팔구는 두 시간 이내에 이동 외과 병원(MASH, 수술실을 갖춘 이동식 최전방 병원)에서 수술을 받았다. 덕분에 외상 외과와 쇼크 치료 의학이 비약적으로 발전했다.

미군은 우리나라에서 익힌 구급 헬리콥터 운용 경험을 베트남 전쟁에서도 잘 활용해 쓰임새를 높였다. 미군은 구급 헬리콥터로 환자를 실어 올 뿐 아니라 의료진을 현장에 싣고 날아가 빨리 치료를 시작하는 닥터 헬리콥터로 키웠다.

우리나라의 구급 헬리콥터

안타깝게도 6·25전쟁 중 미군의 구급 헬리콥터에 실린 부상병들 대부분은 미군이나 유엔군이었다. 우리 국군은 거의 없었다. 국군 부상병들은 망가진 도로 위를 달리는 트럭에 누워 하늘 위로 경쾌한 소음을 내며 날아가는 구급 헬리콥터를 바라볼 수밖에 없었다. 전쟁이 끝나고도 45년이 지난 1998년에 국군도 여섯 대의 구급 헬리콥터로 육군 항공의무후송부대(지금의 국군의무사령부 의무후송항공대)를 창설했다. 미군이 우리 땅과 하늘에서 헬리콥터를 이용한 구급 후송 체계를 개발하고 키운 것에 비하면 우리는 꽤 늦었다.

후송 부대 창설 전에도 군은 헬리콥터를 이용해 위급한 장병들을 후송했는데, 이 헬리콥터들은 의외의 장소에서도 활약했다. 도심 고층 빌딩의 화재 현장에 출동해 시민들을 구출한 것이다. 특히 1970년대에 서울 시민들은 현장에 출동한 군 헬리콥터를 자주 보게 된다.

1960년대와 1970년대, 우리나라 경제는 지금의 중국 부럽지 않은 초고속 성장을 했다. 서울에는 고층 빌딩들이 하나둘 올라갔다. 1968년에 처음으로 서울에 11층 빌딩이 등장했고, 이를 시작으로 도심에 고층 빌딩들이 줄지어 등장했다. 지금도 남아 있는 한진 KAL빌딩(23층), 광화문 정부 종합 청사(19층), 삼일빌딩(31층), 소공동 롯데호텔(40층) 등이 이 무렵에 들어섰다.

빌딩은 점점 치솟아 올랐지만, 소방 방재 능력은 그에 미치지 못했다. 기존의 고가 사다리차로는 접근하지 못하는 구조 사각 지역이 점점 늘어났다. 1971년에 명동에 있는 대연각호텔(22층)에 큰 불이 나자 우리 소방능력의 참담한 현실을 보여 주었다. 소방차는 물론이고 국군과 주한미군의 헬리콥터, 대통령 전용 헬리콥터까지 총출동했지만 서울 한복판에서, 더구나 많은 시민이 지켜보는 가운데서 163명이 목숨을 잃었다.

하지만 이것은 시작에 불과했다. 1970년대에는 고층 건물에서 화재가 다수 발생했다. 특히 1979년 4월에 충무로 라이온스호텔(12층)의 화재는 육군 헬리콥터가 옥상에서 밧줄을 내려 구조하려 한 두 명의 시민이 밧줄을 놓쳐 추락사한 안타까운 사고도 있었다.

이 사고를 계기로 서울시는 31개 고층 건물에 헬리콥터 착륙장을 설치하고 이곳에 착륙할 소방 헬리콥터를 도입한다. 이렇게 1979년 12월에 서울시가 처음으로 도입한 소방 헬리콥터가 '까치

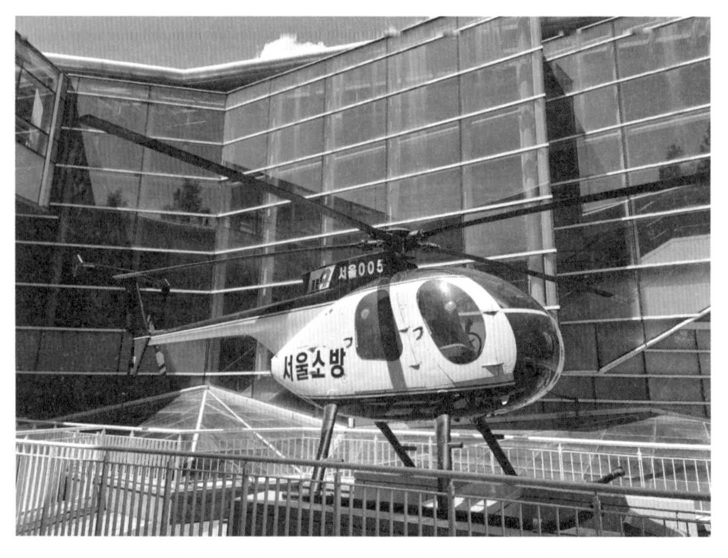

소방 헬리콥터 '까치'. 서울시 보라매 시민안전체험관.

1호'와 '까치 2호'이다. 까치는 인명 구조를 포함하여 다양한 임무를 수행했다. 2005년에 퇴역할 때까지 25년 동안 까치는 3000회 이상을 출동해 942명을 구조했다.

그로부터 40년이 지난 지금, 우리 하늘에는 서른 대의 소방(청 소속) 헬리콥터가 활동 중이다. 2019년에만 약 6000번 출동했는데, 그중 44퍼센트는 구조와 구급 활동이었다. 소방 본연의 임무였던 화재 출동은 불과 1퍼센트, 산불 진압은 5.3퍼센트에 불과했다. 현재 소방 헬리콥터의 주된 임무는 '소방'이 아닌 환자 '후송'이다.

비상시에는 산림청(48대), 해경(20대), 경찰청(18대)도 인명 구조나 구급 출동을 위해 날아간다.

닥터 헬리콥터의 탄생

구급 헬리콥터의 최종 버전이라고 할 닥터 헬리콥터는 2011년부터 우리나라에 등장했다. 닥터 헬리콥터는 의료진(외상 외과 전문의+간호사/응급 구조사)을 태우고 현장으로 날아가 환자를 실어 오면서 응급 치료도 할 수 있는(치료와 후송을 동시에) '날아다니는 응급실'이다.

그런데 왜 병원에서 환자를 기다리지 않고 현장으로 찾아갈까? 바로 골든 타임(golden time, 혹은 골든 아워golden hour)' 때문이다. 생사의 갈림길에 선 환자가 목숨을 구할 수 있는 시간이다.

중증 외상 환자의 골든 타임은 한 시간에 불과하다. 다시 말하면 중증 외상 환자는 무슨 수를 써서라도 한 시간 안에 치료가 시작되어야 살릴 희망이라도 가질 수 있다. 이 시간을 넘기면 사실 희망이 없다. 그래서 금쪽같은 시간을 벌려고 전문 의료진이 탑승해서 사고 현장에 출동하는 것이다.

현재 우리나라에서는 인천(인천: 가천대학교 길병원), 원주(원주/충주: 연세대학교 원주세브란스병원), 안동(경북: 안동병원), 익산(전북: 원광대학교병원), 천안(충남: 단국대학교병원), 목포(전남: 목포한국병원), 수원(경기 남부: 아

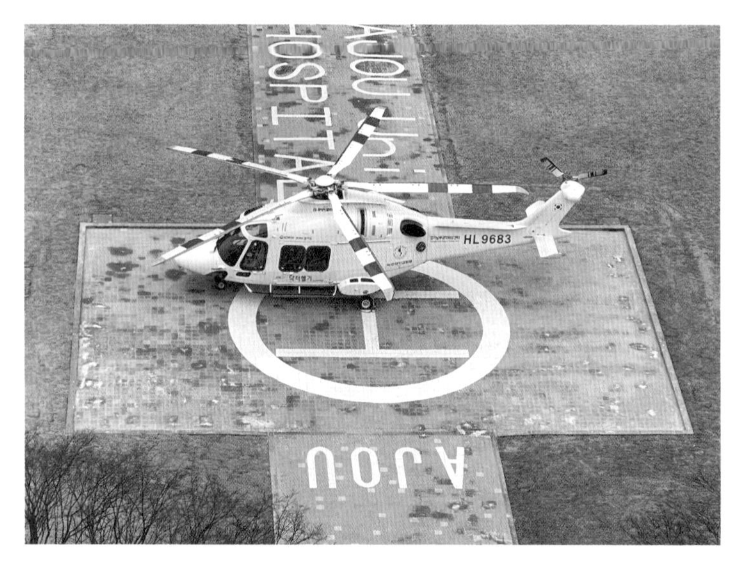

아주대학교병원의 닥터 헬리콥터.

주대학교병원)에 있는 권역 응급의료 센터에서 모두 일곱 대를 운용하고 있다. 2019년까지 1만 782회 출동하여 1만 50명을 이송했다.

함께 생각해 볼 거리

- 닥터 헬리콥터가 천덕꾸러기 취급을 받고 있다. 헬리콥터가 뜨고 내리는 병원 주변에서 소음 공해 때문에 괴롭다는 원망이 많이 들어온단다. 더구나 응급 센터는 운영비는 적자, 의료진은 과중한 업무, 조종사에겐 사실상 목숨을 건 비행으로 힘겹다. 이런저런 문제들로 닥터 헬리콥터의 날개는 무겁기만 하다. 청소년 친구들이 닥터 헬리콥터 서포터즈 활동을 한다면 무엇을 할 수 있을까?
- 최근에는 장시간 비행할 수 있는 무인 드론을 이용한 구조 기술이 개발 중이다. 미래의 닥터 헬리콥터는 어떤 모습일까?

함께 감상할 작품

- 미국 드라마 〈매쉬(MASH)〉. 6·25전쟁 당시 활동한 미군 이동 외과 병원의 활약상을 다룬다.
- 피에르 그라니에데페르, 〈야전병원(Le Toubib)〉. 가상의 전쟁에서 활약하는 야전 외과 의사의 이야기를 담은 영화.

함께 가 볼 곳

- 서울 보라매 시민안전체험관. 우리나라 최초의 소방 헬리콥터 까치가 보존 전시되어 있다.

10장

30초의 기적

손 씻기

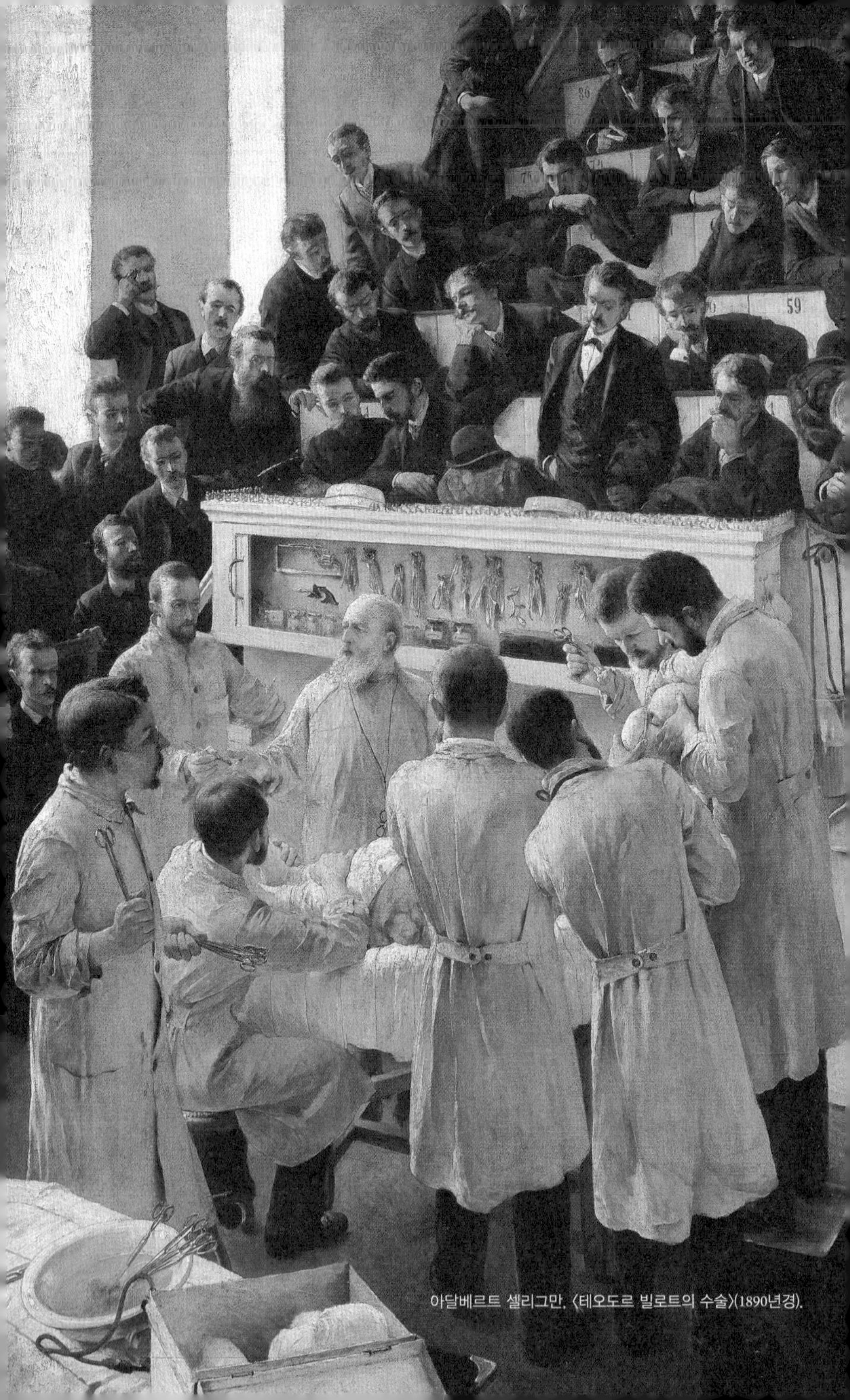

아달베르트 셀리그만, 〈테오도르 빌로트의 수술〉(1890년경).

"저는 혈액이 부패하는 것을 방지하기 위해
상처에 석탄산을 뿌려
다리가 곪는 끔찍한 결과를 피했습니다."

— 조지프 리스터[1]

"이봐요 교수 양반, 당신도 이 학살의 공범이오."

— 이그나즈 필리프 제멜바이스[2]

코로나19의 위세에 짓눌린 2020년에 우리나라에서 독감 환자는 97퍼센트 감소했고, 폐렴 환자도 3분의 2가 줄었다. 감기와 중이염 환자는 절반이 되었다. 코로나바이러스가 다른 바이러스를 물리친 것은 아니다. 우리 국민이 열심히 손을 씻고 마스크를 쓴 덕분이다. 앞으로도 이 두 가지 개인 위생 수칙을 잘 지킨다면 독감이나 감기는 쉽게 피할 수 있다는 것을 많은 사람이 몸소 느끼고 있을 것 같다.

지금은 비누를 써 30초 정도 흐르는 물에 씻거나 알코올로 간편하게 소독할 수 있지만, 이 일이 처음 시작되는 데는 우여곡절이 있었다. 손 씻기와 소독의 역사를 한번 살펴보자.

빈의 신과 의사 제멜바이스의 조용한 발견

1848년, 오스트리아 빈종합병원 산부인과로 한번 가 보자. 이 병원은 당시 세계 최대의 산부인과 병원으로 매년 7000여 명의 아기가 태어났다. 이곳에서 일하는 의사인 이그나즈 필리프 제멜바이스(1818~1865)는 건강한 산모들에게도 저승사자나 다름없는 '산욕열'을 연구했다. 산욕열은 분만 후의 산모가 흔히 걸리는 열병이다.

제멜바이스는 어느 날 병원에 있는 두 개의 분만실 중 제발 제2 분만실로 입원시켜 달라고 애원하는 산모를 본다. 제2 분만실에서는 산파들이 아이를 받았고, 제1 분만실에서는 의사들이 아이를 받았다. 시설은 제1 분만실이 훨씬 좋았다. 하지만 산모들 사이에서는 제1 분만실 사망률이 훨씬 높다는 것이 공공연한 사실이었다. 그래서 죽어도 제1 분만실로 들어가지 않으려고 버티는 것이었다. 에이, 설마 의사들이 산파들보다 못하다고?

산모들 사이의 소문은 가짜 뉴스가 아니었다. 각 분만실에서 매년 약 3500건의 분만이 있었다. 그런데 출산 후 목숨을 잃는 산모들의 수는 제1 분만실에서 600~800명(20퍼센트), 제2 분만실에서 60명(1.7퍼센트)으로 제1 분만실에서 열 배 이상 차이가 났다. 의학 교육을 받지 않은 '여성' 산파들도 아니고 '고명한 의사 선생님'께서 아기를 받는데 사망률이 이렇게 높다니? 당대의 편견 섞인 인식으로는 사뭇 충격적인 결과였다. 집에서 아기를 낳아도, 아니 심지어는 지저분한 길거리에서 아기를 낳아도 사망률은 20퍼센트에 미치지 못했다. 하지만 비단 이 병원만의 문제가 아니었다. 유럽의 다른 대도시에서도 사정은 비슷했다.

제멜바이스는 왜 병원에서 산모들이 많이 죽는지, 특히 의사들이 일하는 제1 분만실에서 더 많이 죽는지 원인을 찾아 나섰다. 두 분만실의 가장 큰 차이점은 아기를 받는 사람이 의사이고 산파라는 것이다. 두 곳 다 아기를 받으면서 의사는 의대생들에게, 산파는 산파 수습생들에게 교육도 했다. 분만이 있고 교육을 한다는 점에서는 차이가 없었다.

하지만 의사들은 산파가 하지 않는 일, 즉 죽은 산모의 부검을 했다. 의사들은 부검실과 분만실을 들락거렸다. 부검하고 분만실에 와서 진찰하고 아기를 받았다. 의사들이 부검한 환자 중에는 산욕열로 죽은 환자들도 있었는데, 의사들이 아이를 받는 분만실에서 많은 산모가 산욕열로 죽었다. 반면 산파들은 부검하지 않았고, 그들이 일하는 분만실에서는 산욕열도 훨씬 적게 생겼다. 제멜바이스는 의사들이 부검실에서 산욕열을 옮기는 씨앗을 묻혀 와 분만실의 산모에게 옮기기 때문에 산욕열이 잘 생긴다고 추측한다.

건강한 산모라도 아기를 낳으면 몸 여기저기에 상처를 입는다.

이 상처가 아물어 회복되려면 시간이 걸리는데 이 기간을 산욕기(몸조리 기간)라고 한다. 이 기간에 열이 나면 산욕열이라고 불렀다. 산모가 열이 난다는 것은 몸속 어딘가가 감염되었다는 거였다. 당시에 산욕열은 곧 죽음이었다. 산모들 대부분은 산욕열로 목숨을 잃었다.

제멜바이스는 부검실과 분만실 사이에 바리케이드(?)를 치기로 했다. 부검실에서 오는 의사나 학생들은 반드시 분만실 입구에서 소독제로 손을 깨끗이 씻게 했다. 의사들은 귀찮아하면서 시키는 대로 했다. 그러자 놀라운 일이 벌어졌다. 산욕열 사망률이 20퍼센트 수준에서 1.2퍼센트까지 수직 낙하했다. 이렇게 의료 현장에 처음으로 손 씻기가 들어왔다.

아직 미생물학이나 병원균의 개념이 없던 시대에 이 정도의 성과를 이룬 것은 에드워드 제너의 우두 접종법만큼이나 큰 발견이었다. 하지만 제멜바이스는 즉각 이 대발견을 논문이나 책을 통해 적극적으로 전파하지 않았다. 그리고 고용 계약이 끝나자 고향인 헝가리로 돌아가 버렸다.

몇 년이 지나서야 제멜바이스는 자신의 성과를 책으로 내고, 저명한 산과 의사들에게 손 씻기의 중요성을 알리는 편지도 보내기 시작했다. 하지만 반향이 없었다. 실망하고 좌절한 제멜바이스는 설득하기를 포기한 사람인 양 의사들을 비난하기 시작했다. '더러운 손으로 환자를 죽이고 있다'는 신랄한 편지를 의사들에게 보내기 시작한 것이다. 그는 의사들 사이에서 정신이 이상한 사람 취급을 받기 시작했고, 아무도 그의 이야기에 귀 기울이려 하지 않았다. 결국, 정신병원에 입원한 그는 마흔일곱 살의 나이로 죽고 만다. 그의 위대한 발견 손 씻기도 이렇게 묻혀 버리고 말았다.

만약 제멜바이스가 의학의 중심지인 빈에서 버티며 반대자들을 비난하기보다 끈기 있게 설득했더라면, 그리고 의사들의 공론장인 학회지에 논문을 내어 재빨리 전 세계 의학도들에게 손 씻기를 전파했더라면 의학의 역사도 달라졌을 것이다. 당시 빈에는 그를 지원해 줄 친구들도 있었다. 그랬다면 그는 의학사에 길이 남은 제너와 어깨를 나란히 했을 것이다. 무엇보다도 수많은 산모의 죽음을 막았을 것이다. 하지만 어렵게 타올랐던 불꽃은 너무 빨리 꺼져 버렸고, 다시 불꽃이 피어나는 데는 20년이나 더 걸렸다.

글래스고의 외과 의사 조지프 리스터

잉글랜드에서 태어나 수술 의학의 중심지인 스코틀랜드의 에든버러로 유학 간 조지프 리스터도 20년 전의 제멜바이스와 비슷한 고민을 했다. 제멜바이스의 산모들이 원인 모를 산욕열에 걸려 죽은 것처럼, 리스터의 환자들도 수술 후에 감염으로 죽었다.

젊은 외과 의사 리스터가 많이 하는 수술은 팔다리 절단이었다. 잠시 그 장면을 한번 훔쳐보자. 의사는 피로 얼룩진 앞치마를 걸치고 있고, 맨손으로 수술 부위를 이리저리 만져 본다. 제대로 씻은 적도 없는 더러운 칼로 피부를 절개한 후 그 칼을 입에 문 채 톱으로 다리를 잘라 낸다. 잘린 팔다리에서는 피가 철철 나고, 그 자리는 더럽기 짝이 없는 실을 지저분한 바늘에 꿰어 얼른 꿰맨다. 수술 끝.

수술 자리에는 포도주, 키니네, 테레빈유(송진 기름), 요오드 등을 발라 주기도 했다. 병동에서는 하루 한두 번은 지저분한 스펀지로 피와 진물을 닦아 낸다. 그리고 하루 이틀 지나면서 수술 자리는 아물기 시작, 하면 좋겠지만 그 반대가 된다. 퉁퉁 붓고, 고름집이 잡히고, 이윽고 고약한 냄새가 난다. 환자는 아파 죽겠다고 고함을 지르고 열이 오른다. 감염된 것이다. 저렇게 온 힘을 다해 고함지를 날도 사실 얼마 남지 않았다. 환자는 패혈증으로 곧 죽을 테니까.

사실 리스터의 잘못도 아니었다. 유럽과 미국에 있는 큰 병원의 사지 절단 후 사망률은 무려 24~60퍼센트였다. 이 정도 사망률이면 워털루 전투에 나가는 것보다 수술대에 눕는 것이 더 위험했다. 수술은 무모한 일이었고, 어떤 일이 있더라도 하지 말아야 할 것이었다. 꼭 하고 싶다면 병원이 아닌 집에서 하는 것이 목숨을 건지는 데는 훨씬 유리했다. 하지만 재택(在宅) 수술은 엄청난 돈이

들었다. 일반인들에겐 불가능한 일이었다. 빈의 가난한 산모들처럼 말이다.

이런 상황이 젊은 리스터를 괴롭혔다. 아무리 수술을 꼼꼼하게 잘해도 결국 감염으로 환자가 죽었다. '선생님, 수술 자리에 왜 감염이 생기는 겁니까?' 리스터도 젊은 시절 스승에게 물었을 것이다. '이보게, 병원에 들어오면 온갖 악취가 진동하지? 이런 더러운 공기가 수술 부위를 곪게 하고 썩히는 거야. 그렇다고 공기를 몰아낼 수는 없고……. 병원을 부수고 새로 짓지 않는 한 해결 방법이 없다네.' 당시의 상식에 따라 스승은 아마 이런 답을 해 주었을 것이다.

그러던 어느 날, 리스터는 수술 전에 상처를 비눗물로 씻겨 주었다. 그런데 신기하게도 절단 수술 후에도 감염이 발생하지 않았다. 제멜바이스가 부검 의사들의 손에 묻은 더러운 것을 감염원으로 의심했다면, 리스터는 떠도는 공기를 의심했다. 뼈가 부러진 환자라도 밖으로 찢어진 상처가 없으면 곪지 않았다. 하지만 피부가 찢긴 상처가 있으면 쉬이 곪았다. '맞네, 공기가 들어가니 곪는 거야. 그렇다면 공기 속에 뭔가 있어! 그런데 무엇일까?'

그 무렵 리스터는 파스퇴르의 논문을 읽었다. 파스퇴르는 미생물 때문에 부패가 일어나는데, 공기 중에 미생물이 먼지 알갱이를 타고 날아다니고 그러다 양분이 있는 곳에 떨어지면 정착하고 번

식하면 그것이 곧 부패라고 주장했다. 하지만 의사들은 일개 의사도 아닌 화학자 파스퇴르의 주장이 허무맹랑하다며 믿지 않았다.

하지만 리스터는 믿었다. 파스퇴르의 말이 사실이라면 상처의 부패도 미생물이 그 자리에서 자란다는 뜻이 아니겠는가? 그렇다면 소독을 하자. 그런데 뭐가 좋을까? 리스터는 석탄산(carbolic acid)을 선택한다.

페놀(phenol)이라고도 부르는 석탄산은 당시에 하수의 악취와 목초지의 기생충을 없애는 목적으로 쓴 화학품이다. 공교롭게도 제멜바이스가 세상을 떠난 바로 그다음 날인 1865년 8월 12일에 부러진 다리뼈가 살을 찢고 밖으로 튀어나온 부상을 당한 열한 살 소년이 처음으로 리스트가 베푼 석탄산 세례를 받았다. 보통의 의사라면 다리를 잘라 버렸겠지만, 리스터는 불구가 될 소년의 미래가 안타까워 다리를 살려 보려는 마음에 석탄산에 적신 붕대를 상처에 감고 부목을 댔다. 소년은 6주 만에 회복했다.

다른 환자들에게도 몇 번 더 같은 방법을 써 성공을 거두자 리스터는 고름집, 찢어진 상처, 종양, 그리고 절단 수술에도 석탄산 소독을 한다. 소독한 붕대를 쓴 것은 당연하고, 수술할 상처에도 석탄산을 뿌렸다. 의사들의 손과 수술 기구들도 수술 전에 석탄산에 담갔다. 그뿐만 아니라 수술 중간중간에 소독 시간을 가졌다. 나중에는 공기도 소독하려고 수술장에 석탄산을 공중 분무했다.

리스터의 소독 기구.

소독법 적용을 전후한 수술 사망률 통계를 보면 사망률이 45퍼센트에서 15퍼센트로, 즉 3분의 1 수준으로 줄어 소독의 효과를 확실히 보여 주었다. 놀라운 성과였다. 하지만 기대와 달리 다른 의사들은 적극적으로 호응해 주지 않았다.

행동 양식을 바꾸려 하지 않는 의사들도 문제였지만 리스터식 소독이 너무 복잡하고 어려운 것도 문제였다. 다른 의사들도 리스트 소독을 시도는 해 보았는데 감염은 여전히 생겼다(제대로 안 했기 때문이다). 더욱이 석탄산은 눈을 따갑게 하고 매우 불쾌했다(나중에 밝혀지겠지만 맹독성 물질이다) 하지만 제멜바이스와 달리 리스터는 단념하지 않았다. 소독법이 일상화되려면 한 세대는 족히 걸릴 것으로 생각했다.

영국과 미국에서는 인기가 없었지만 독일(당시 프로이센) 의사들은 리스터 소독법을 받아들였다. 프로이센과 프랑스 간의 전쟁(보불전쟁, 1870~1871)이 터지자 부상병들을 부지런히 소독해 치료한 프로이센군이 전쟁뿐 아니라 수술대에서도 승리를 거두었다.

그 무렵인 1871년 9월, 스코틀랜드에 체류 중이던 빅토리아 여왕이 겨드랑이가 곪아 올라 스코틀랜드에서 일하던 유명한 외과의 리스터가 불려 간다. 자칫 칼을 잘못 놀렸다가 여왕 폐하의 목숨을 빼앗을지도 모르는 수술이었지만 리스트는 석탄산 소독을 하며 수술을 잘 마쳤다. 여왕은 무사히 회복했다. 여왕 폐하도 소독을 받았다니! 이보다 더 큰 공인(公認)이 어디 있을까? 이 수술로 리스터는 전국적인 유명 인사가 되고, 그의 소독법에도 추종자들이 생긴다.

1877년, 쉰 살이 된 리스터는 24년 동안 청춘을 불살랐던 스코틀랜드를 떠나 런던의 킹스칼리지병원으로 금의환향한다. 그는 제국의 심장부에서 소독 수술의 전도사가 된다. 그의 강의실에는 외국 의사들도 찾아왔다. 그는 이미 영국보다 해외에서 더 인정받는 의사가 되어 있었다.

런던에 세워진 조지프 리스터의 흉상.

여전히 주변 의사들의 시선은 곱지 않았지만 리스터는 서두르지 않았다. 소독하지 않는 의사들을 비난하지도 않았다. 언젠가는 '대중들이 소독 수술을 요구할 날이 올 것'이라고 믿었다.

1878년이 되면 독일의 코흐가 수술 부위에 감염을 일으키는 세균 여섯 종을 찾아냈다. 균이 있으니 감염이 생긴다는 것을 확신한 후 소독의 당위성을 재확인할 수 있었다. 리스터 방식이 완벽했던 것은 아니다. 번거롭고, 유독했으며, 수술실 공기 소독은 불필요했다. 중요한 것은 공기가 아니라 의료진의 손과 수술 기구였다. 상처 자체가 아니라 상처로, 수술 부위로 들락거리는 모든 것이 감염의 원인이었다. 그에 따라 소독법도 업그레이드되었다.

개량된 소독법은 석탄산을 대신해 뜨거운 증기를 써 수술 기구를 소독하는 것이었다. 의사들의 손도 물론 소독했지만 나중에는 장갑을 끼고 모자를 쓰게 했다. 깨끗한 수술 가운도 입었다. 이렇게 오늘날 우리가 아는 청결한 수술장의 풍경이 완성되었다. 이 모든 것이 바로 손 씻기에서 시작되었다.

오늘도 손을 씻으면서 30초 만에 이루어지는 기적을 본다. 소독의 선사시대에 이유 없이 죽어 간 그 사람들을 생각하면 우리는 매번 엄청난 기적을 만들고 있다. 여러분도 30초의 기적에 기꺼이 동참해 주길 바란다.

함께 생각해 볼 거리

- 바람직한 손 씻기 방법을 실천하자. 흐르는 물에 30초 이상 비누로 손 씻기가 중요하다. 간편한 손 소독제보다 효과가 더 좋다. 매일 8회 이상이니 활동 중에는 두 시간 간격으로 손을 씻자.
- 리스테린(Listerine)이라는 구강 청결제가 있다. 이 제품명은 어디에서 왔을까?
- 집에서 하는 수술이나 출산보다 왜 병원에서 사망률이 더 높았을까?

함께 읽을 책

- 린지 피츠해리스,《수술의 탄생》. 리스터가 소독법을 수술에 도입한 이야기를 들려준다.

함께 감상할 작품

- 데이비드 린치, 〈엘리펀트 맨〉. 19세기 영국의 외과의 프레데릭 트레베스가 쓴 소설을 영화로 만들었다. 영화 시작 부분에 19세기 당시 수술 장면이 나오는데, 석탄산을 뿌려 소독하는 장면도 있다.

함께 가 볼 곳

- 런던과 글래스고에 리스터 동상과 그가 수술했던 병원이 남아 있다. 영국에서 동상이 세워진 외과의는 단 두 사람에 불과하다. (다른 한 사람은 존 헌터[1728~1793]이다.)

11장

파티에서 발견한 수술실의 보물

마취

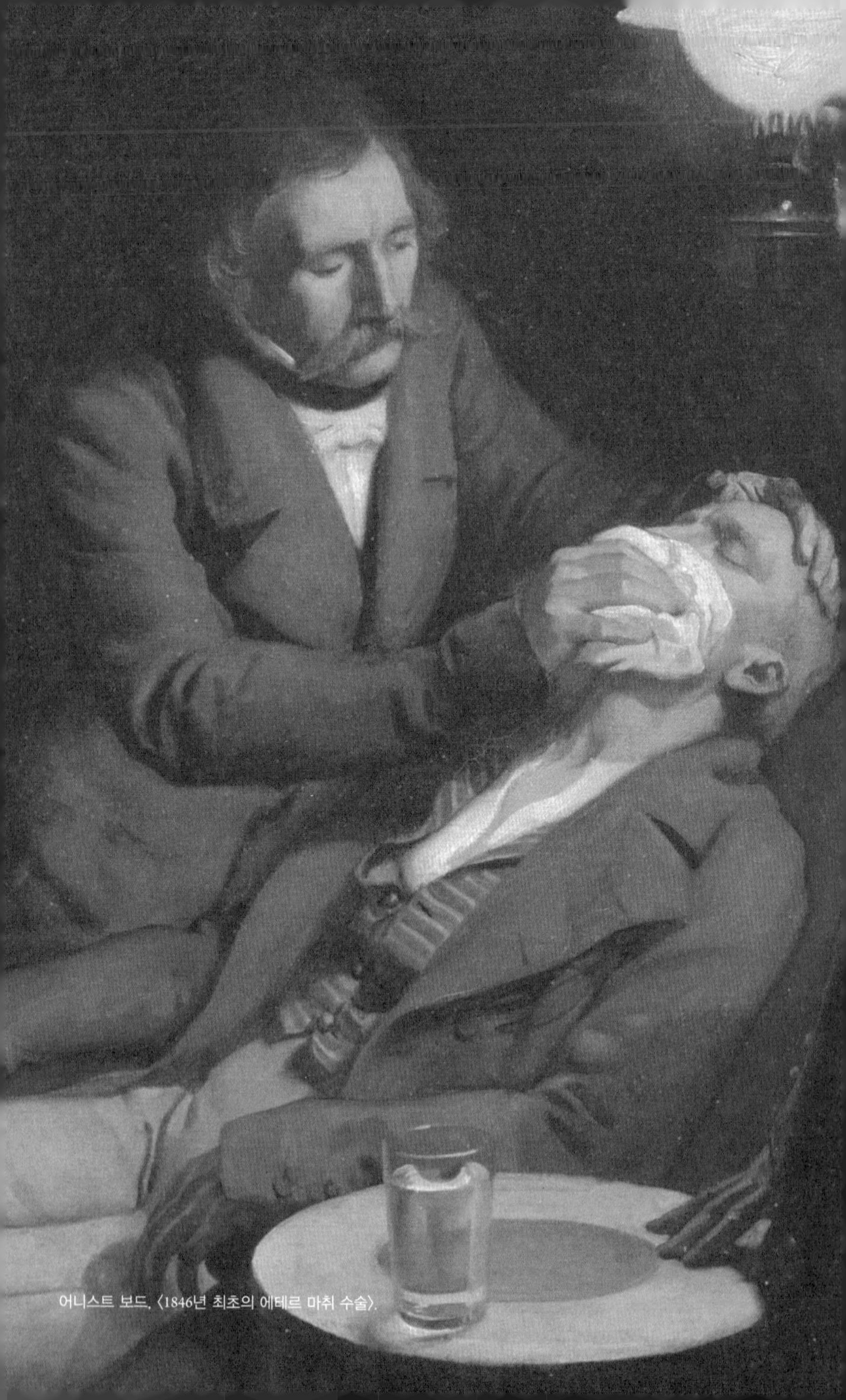

어니스트 보드, 〈1846년 최초의 에테르 마취 수술〉.

"신사 여러분,
오늘은 양키의 신물질을 시험해 볼까 합니다.
의식을 잃게 만드는 물질입니다…….
신사 여러분, 이 양키 신문물이
엉터리 최면술보다 낫습니다!"

— 영국 런던의 외과 의사 로버트 리스턴

초등학교 첫 소풍 전날, 이가 흔들렸다. 아버지는 실로 묶어 이를 빼려고 반짇고리를 꺼내셨고, 나는 보자마자 줄행랑을 쳤다. 어두워지도록 집에 돌아가지 않아 부모님의 애를 태운 나는 통증을 무서워하던 아이였다.

어른이 된 지금도 통증이 반갑지만은 않다. 나뿐만이 아니라 모든 사람이 마찬가지일 것이다. 하지만 다양한 의학 시술과 수술을 꾸준히 받으며 건강을 관리하는 현대인이 그 많은 시술과 수술을 기꺼이 받고 또 견딜 수 있는 이유는 마취 덕분이다. 먼 옛날이라면 몰라도 지금은 환자와 의사 모두 마취 없는 수술을 상상할 수 없다. 그 변화가 일어나는 데는 200여 년밖에 걸리지 않았다.

마취가 없던 시절의 수술

《구약성서》의 〈창세기〉에는 신이 아담을 '잠들게 한' 다음 갈빗대 하나를 빼내어 이브를 만든 이야기가 있다. 갈빗대를 제거한다니! 맨정신으로는 겪기 힘든 일이었을 것이다. 아담이 고통을 느끼지 못하도록 신이 아담에게 전신마취를 한 것이나 다름없다.

수술받을 환자를 깊이 재울 수만 있다면 수술을 받는 사람뿐 아니라 집도하는 사람에게도 수술은 수월해진다. 언제부터 마취를 시작했는지 정확히 알 수는 없지만, 지금의 마취제가 발달하기 전에는 수술 전 환자를 때려눕히거나 독한 술을 진탕 먹였다. 좀 더 점잖은 방법으로 아편이나 상추, 사리풀, 맨드레이크, 오디, 홉 등 먹으면 잠이 든다고 알려진 마취성 식물을 먹이기도 했다.

중세의 수술장은 기절초풍할 풍경으로 가득 차 있었다. 가령 다리를 심하게 다치면 다리를 잘라 내는 수술을 해야 했는데(당시에는 감염에 대처하는 법을 몰랐다), 지금과 같은 형태의 안전하고 지속력 있는 마취제는 없었다. 환자가 멀쩡한 정신으로 그 수술을 견딜 수 있었을까? 당연히 불가능하다. 독한 술로 환자를 취하게 만든 다음 건장한 장정 몇 사람이 환자를 붙드는 동안 외과 의사는 가능한 한 빨리 칼과 톱으로 수술을 마쳐야 했다.

런던의 유명한 외과 의사 로버트 리스턴(1794~1847)은 30초 만에

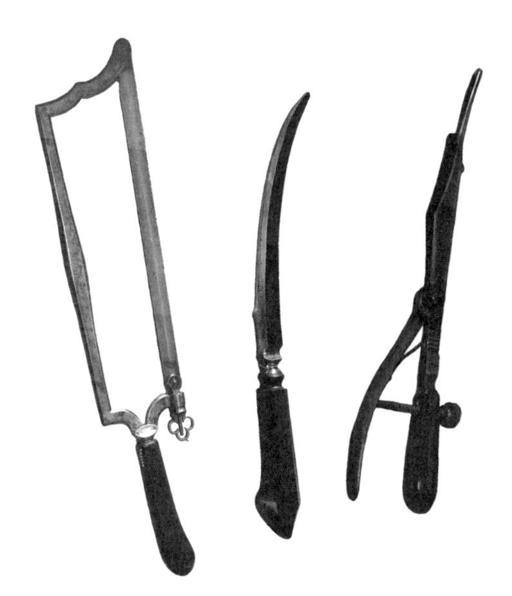

중세에 사용된 절단 수술 기구들.

다리를 자르기도 했다. '빠른 속도' 때문에 그의 진료실은 언제나 환자들로 붐볐다. 수술이 짧을수록 고통도 짧으니 환자들은 그에게 수술을 받으려고 아우성을 쳤다. 그 끔찍한 수술실 풍경이 바뀐 것은 19세기 중반에 마취제가 등장한 순간부터이다.

최초의 흡입마취제, 웃음 가스

마취학을 탄생시킨 것은 의학자들이 아니라 공기의 성질을 연구하던 화학자들이었다. 영국의 화학자 험프리 데이비(1778~1829)는 아산화질소(N_2O)의 마취 효과를 연구했다. 그는 아산화질소를 들이마시면 기분이 좋아지면서 두통과 치통이 사라지는 것을 발견한다. 1800년에 이 사실을 공개하면서 의사들에게 수술 통증을 예방하는 마취제로 써 보라고 권유한다.

이번에도 의사들은 이 발표에 별다른 관심을 보이지 않았지만, 대중은 기분이 좋아진다는 소문에 끌려 이 가스를 들이마셨다. 과연 효과는 확실했다. 웃음이 나고 즐거워졌다. 아산화질소는 비슷한 효과를 내는 에테르와 함께 '웃음 가스(laughing gas)'라고도 불리게 된다. 이 웃음 가스는 당시 파티의 필수품이 된다. 사람들은 웃음 가스를 들이마시고 웃음꽃을 피웠다. 그러다가 난장판이 되는 일도 비일비재했다. 그런데 그 난장판 속에서 새로운 발견의 싹이 튼다.

미국 조지아에서 일하던 의사 크로퍼드 윌리엄슨 롱(1815~1878)은 에테르를 마시고 놀다가 심하게 다친 환자가 아픈 줄 모른다는 사실을 발견했다. 롱은 혹시나 하는 마음으로 혹을 자르는 수술을 집도하기 전 환자에게 에테르를 들이마시게 했는데, 이번에도 환자가 고통을 느끼지 못했다. 1842년, 이렇게 롱은 자신도 모르는 새 '기체를 이용한 무통 수술'에 사상 최초로 성공한다. 이후로 7년 동안 롱은 매년 환자 한두 명에게 에테르 무통 수술의 은총을 베풀었지만 이 사실을 널리 알리지 않았다.

1844년, 미국 코네티컷의 치과 의사 호러스 웰스(1815~1848)는 웃음 가스 파티에 갔다가 다리를 심하게 다친다. 하지만 하나도 아프지 않았다! 웃음 가스의 효과를 어느 정도 눈치챈 웰스는 스스로 아산화질소를 들이마시고 동료에게 자신의 이를 뽑게 해 봤다. 역시 고통을 느낄 수 없었다. '기체를 이용한 무통 발치 시술'에 성공한 것이다.

웃음 가스의 마취 효과를 확신한 웰스는 환자들에게 웃음 가스를 마시게 한다. 아프지 않게 이를 뽑아주는 웰스의 치과는 몰려드는 환자들로 문전성시를 이룬다. 롱과 달리 웰스는 무통 마취법의 효과를 널리 알리려고 당시 미국 의학의 수도인 보스턴을 찾아가기로 한다.

보스턴에서 웰스는 과거의 동업자였던 치과 의사 윌리엄 토머스 그린 모턴(1819~1868)에게 하버드대학교 부속병원의 외과 과장 존 워런(1778~1856)을 소개받는다. 워런은 웰스에게 학생들 앞에서 마취를 시연해 볼 기회를 주었다. 하지만 긴장한 탓인지 웰스는 마취에 실패했다. 학생 지원자는 아프다고 비명을 질러 댔으니 당황한 웰스는 사태 수습도 하지 못하고 꽁무니를 빼고 말았다.

웰스에게 자초지종을 들어 이미 그 내막을 다 알고 있던 모턴은 직접 마취법을 개발할 마음을 먹는다. 그는 잘 아는 화학자 찰스

모턴의 에테르 마취 기구.

토머스 잭슨(1805~1880)에게 에테르의 마취 효과 이야기를 전해 듣고 웰스가 쓴 아산화질소 대신 에테르를 이용한 마취법을 개발한다. 반년 후 모턴은 직접 워런을 찾아갔다.

1846년 10월 16일, 워런은 한 환자의 턱에 있는 혹을 절개하는 수술을 앞두고 있었다. 수술 전 모턴이 이 환자를 마취했다. 워런이 수술을 집도하는 내내 환자는 아픈 줄도 모르고 계속 잠들어 있었다. 이렇게 '최초의 에테르 마취 수술'이 성공한다. 지금도 매사추세츠 종합병원은 이 장소를 '에테르 돔(Ether Dome)'으로 보존하고 10월 16일을 '에테르의 날'로 기념한다. 현대 마취학이 이렇게 미국 보스턴에서 태어났다.

에테르의 성공은 두 달 만에 대서양을 건너간다. 12월에 영국 런던의 외과 의사 리스턴은 에테르로 마취를 했다. 수술이 끝나고 깨어난 환자는 자신이 수술을 받았는지도 모른 채 언제 수술할 것이냐고 물었다고 한다. 리스턴은 "사람의 통증을 없애는 미국인의 마술이다."라고 소감을 밝혔다. 이제 정말 '마(취)술의 시간'이 온 것이다.

새로운 흡입마취제 클로로포름

런던에서 리스턴이 에테르 마취 수술에 성공했다는 소식은 북쪽의 에든버러로 전해진다. 산과 의사 제임스 영 심프슨(1811~1870)은 이듬해 1월에 산모에게 에테르를 들이마시게 해 산고의 고통 없이 아이를 낳게 했다. 무통 발치에서 시작해 무통 외과 수술을 거쳐 무통분만으로 영역을 넓힌 것이다.

하지만 산모들은 에테르의 거북한 냄새를 싫어했고, 종종 에테르가 수술실에서 폭발하는 일도 있었다. 고민하던 심프슨은 에테르의 대안으로 클로로포름(chloroform)을 찾아낸다.

클로로포름은 에테르보다 효과가 좋고 안전했다. 냄새도 역하지 않았다. 에테르 성공 1년 만인 1847년 11월에 심프슨은 클로로

클로로포름의 유용성을 언급한 빅토리아 여왕의 편지(1859)와
클로로포름 앰플.

포름으로 무통분만을 시작했고, 외과 의사들에게도 수술 시 사용을 권했다.

그런데 문제가 생겼다. 산모들은 쌍수를 들고 환영하는 무통분만을 종교계가 반대하고 나섰다. 이유는 이브의 원죄로 여성은 분만의 고통을 겪어야 하는데 이것을 약으로 없애는 것은 일종의 신성모독이라는 것이다.

그러자 심프슨은 역시 〈창세기〉에 나오는 '아담이 잠들었을 때의 갈비뼈를 빼낸' 이야기를 들어 신의 기술인 마취법은 신성모독이 아니라고 반박했다. 또 종두법도 1796년 도입 당시 신의 섭리를 거스르는 일이라고 맹비난을 받았지만 누구나 받는 접종이 된 점을 강조했다. 아편처럼 '먹는' 진통제가 괜찮다면 클로로포름처럼 '들이마시는' 진통제를 쓰면 안 될 이유도 없다고 주장했다.

클로로포름의 더딘 확산세는 빅토리아 여왕의 지원사격으로 천군만마를 얻는다. 여왕은 1853년과 1857년에 클로로포름을 친히 들이마셔 왕자와 공주를 낳았다. 1859년에는 프로이센의 황태자비가 된 맏딸 빅토리아에게도 무통분만으로 왕자를 낳게 했다. 1866년에는 여왕이 무통분만의 창시자인 심프슨에게 감사의 뜻으로 '통증을 정복한 자'라는 글자가 새겨진 문장(紋章)과 함께 남작 작위를 내렸다. 이제 누가 무통분만에 반대할 수 있겠는가?

20세기의 흡입 마취제들

20세기 초에는 식물이 내뿜는 호르몬의 일종인 에틸렌을 마취제로 쓰게 되었다. 우연히 발견된 에틸렌은 마취 효과는 에테르나 클로로포름보다 나았으나 불이 잘 붙어서 문제가 되었다. 모든 것을 조심해야 하는 수술실에서는 위험천만한 물질이었다. 이를 해결하려는 노력 끝에 프로필렌이나 사이클로프로페인 같은 흡입마취제가 탄생했다. 화학자들이 마취제를 합성해 내기도 했다. 대표적으로 할로탄은 부드럽게 잠들고, 깔끔하게 깨어나며, 수술 중에도 별 문제를 일으키지 않는 데다가 불이 붙을 위험도 없어 가장 널리 쓰인 흡입마취제가 되었다.

현재 쓰는 흡입마취제의 최종판들은 다루기 쉽고 인체 독성을 많이 줄인 불화탄소(불소+탄소)제인 데스플루란(1987), 엔플루란(1963), 이소플루란(1970), 세보플루란(1975)이다.

국소마취제와 정맥마취제

지금까지 살펴본 마취제는 모두 흡입식으로, '숨으로 들이마시면' 정신을 잃고 곯아떨어지는 전신마취제다. 하지만 치과 치료나 간단한 봉합 시술을 할 때는 정신은 멀쩡한 채 '치료할 자리만' 아프지 않게 하는 국소(부분)마취제를 쓴다. 신경 전달을 막아 아픈 감각이 뇌로 가는 것을 막아 버리는 원리다.

국소마취제의 역사는 1884년에 코카인이 처음 열었다. 마약으로 분류하는 그 코카인 맞다. 코카인은 아메리카 대륙의 아마존 유역과 안데스 고산지대에 사는 식물 '코카'에서 추출했다. 라틴아메리카 원주민은 코카 이파리를 씹어 허기와 고통을 잊었는데, 이를 신기하게 여긴 유럽인들이 코카를 유럽으로 들여 재배하고 연구한다.

1860년에 오스트리아의 빈에서 처음으로 코카인이 분리된다. 훗날 정신분석학으로 유명해질 지그문트 프로이트(1856~1939)는 자신을 시험 대상으로 삼아 코카인 효과를 연구한다. 그의 제자인 카를 콜러(1857~1944)는 코카인을 맛보다가 혀끝 감각이 마비되는 부작용(!)을 발견해 세상에 알렸다. 코카인이 가진 국소마취 효과는 안과, 치과, 이비인후과 의사들이 먼저 활용하기 시작했다.

정맥마취제는 정맥 혈관으로 주사하는 전신마취제이다. 1846년 합성한 바르비투르산과 히단토인이 정맥마취제의 원조이다. 1911년에는 진정 수면제의 대명사인 페노바르비탈이 합성된다. 이 약들은 경련을 치료하는 약으로도 쓴다.

이후 대표적인 정맥마취제로 사용하게 된 티오펜탈은 주사가 끝나기도 전에 잠이 들 정도로 효과가 빨랐다. 수면(진정) 내시경 검사 때 쓰는 미다졸람이나 프로포폴도 정맥마취제에 속한다.

마취제와 마약, 한 끗 차이?

마취제 오남용은 종종 사회적 문제로 대두된다. '해피 벌룬'이나 '마약 풍선'은 바로 웃음 가스인 아산화질소이다. 마취제의 시초였던 웃음 가스가 200년 만에 이런 식으로 되돌아올 줄 누가 알았겠는가? 이제 아산화질소는 환각제로 지정되어 사용 금지된 약물이다.

2009년에 미국의 팝 가수 마이클 잭슨의 목숨을 앗아간 프로포폴도 문제이다. 우리나라에서는 '우유 주사'로 불리며 유명인들이 불법적으로 사용해서 사회문제가 되었다. 역시 향정신성 약품으로 관리하고 있다.

어떤 약이든 잘못 쓰면 독약이 된다. 마취제만큼 그 사실을 분명히 보여 주는 사례도 없다. 고통스러운 수술의 시대를 마감한 것도 마취제지만, 오남용하면 정신이 피폐해지고 건강을 해칠 수 있다. 마취 의사들은 종종 자신들이 사람을 저승 문턱까지 보냈다가 데려오는 일을 한다고 농담하곤 한다. 하지만 가벼이 흘려들을 말이 아니다. 마취제를 너무 가볍게 보아서는 큰일 날 수 있다.

함께 생각해 볼 거리

- 의학이나 과학의 발전에 종교계가 반발한 사례는 어떤 것이 있을까?
- 대표적으로 오남용되는 약물들은 무엇이 있을까?
- 어린이 치과에서 마취제로 쓰는 기체는 무엇인지 알아보자.

함께 감상할 작품

- 피터 위어, 〈마스터 앤드 커맨더: 위대한 정복자〉. 1805년 마취가 없던 시절에 환자를 수술하는 영국 해군 군의관의 활약상을 볼 수 있다.
- 프랭크 보제즈, 〈무기여 잘 있거라〉. 주인공 캐서린이 아기를 낳을 때 에테르 및 클로로포름 마취를 받는 장면이 나온다.
- 시드니 루멧, 〈폴 뉴먼의 심판〉. 마취 사고로 인해 식물인간이 된 한 여인을 둘러싼 의료 소송을 다룬 영화이다.

12장

모두를 위한 CAB

심폐소생술

19세기의 응급 소생술(1886).

"주 하나님이 땅의 흙으로 사람을 지으시고,
그의 코에 생명의 기운을 불어넣으시니,
사람이 생명체가 되었다."

— 《구약성서》 〈창세기〉 2장 7절

"제세동기 …… 이것은 방전돼 시동이 안 걸리는
자동차의 모터를 살리기 위해 배터리를 연결하는 것과 비슷하다."

— 베른하르트 알브레히트, 《닥터스》

2019년에 119 구급대가 이송한 급성 심정지 환자의 수는 3만 782명으로 우리나라 인구 10만 명당 60명 수준이다. 지역별로 평균을 셈해 보면 서울은 매일 12명, 제주는 매일 1.7명이 갑자기 심장이 멎어 119로 이송된 셈인데, 불행 중 다행으로 환자 넷 중 한 사람(24.7퍼센트)은 근처에 있던 일반인의 심폐 소생술(Cardio-Pulmonary Resuscitation, CPR) 도움을 받았다. 일반인이 CPR를 한 경우는 2006년에는 1.9퍼센트 수준이었지만 13년 만에 열세 배나 늘었다. CPR에 대한 교육 접근성을 높이려는 노력 덕분에 일반인들의 교육 참여가 늘어난 탓이다.

CPR의 도움을 받은 환자와 그렇지 않은 환자의 생존율은 각각 15퍼센트와 6.2퍼센트로 무려 2.4배나 차이가 난다. 우리나라의 경우만 따져 보면 CPR 생존율은 24퍼센트에 달한다. 그러므로 누구든 처음 본 사람이 119에 신고한 후 구급대원의 안내에 따라 골든 타임 4분 안에 CPR를 시작해야 한다.

인공호흡의 시작

현대의 CPR는 인공호흡, 인공 박동(가슴 압박), 심장 전기 충격으로 이루어진다. 먼저 시작된 것은 인공호흡이다. 살아 있다는 것은 곧 숨을 쉰다는 것이다. 아기들도 세상에 태어나면 제일 먼저 힘차게 우는 것으로 첫 호흡을 시작한다. 태어난 아기가 숨을 쉬지 않으면 죽은 아기이거나 가만두면 곧 죽을 아기다. 그래서 산파(조산사)들은 신생아가 숨을 쉬지 않으면 즉시 아기의 입에 산파의 숨결을 불어넣어 주는 것으로 인공호흡을 시작했다.

수백 년 동안 전해져 온 산파들의 인공호흡은 쉽고 효과가 좋았다. 하지만 의사들은 환자들의 숨이 멎어도 산파들의 인공호흡을 시도하지 않았다. 지체 높은 의사가 어찌 감히 미천한(?) 산파들의 기술을 따라 한단 말인가? 의사들은 인공호흡이 비위생적인 데다가 보기에도 썩 좋지 않다는 이유로 무시했다.

대신 의사들은 다른 인공호흡법을 썼다. 재건국민체조의 숨쉬기 운동과 비슷한 방식으로 환자를 눕혀 놓고 팔을 이리저리 움직여 폐가 부풀어 오르게 만드는 방식이었다. 거창해 보였지만 어렵고 효과도 없었다. 1946년이 되어서야 입술로 숨을 불어넣어 주는 산파들의 인공호흡법이 의료 현장에서도 도움이 된다는 사실을 알게 되었다. 하지만 널리 쓰지는 않았다.

심장마사지의 시작

인공 박동법인 심장 쥐어짜기(마사지)는 지금으로부터 150년 전에 시작되었다. 인공호흡법의 역사에 비하면 최근의 일이다. 숨이 멎은 것은 누구나 쉽게 알 수 있지만, 심장이 멎은 것은 가슴에 가만히 귀를 대고 들어야 확인할 수 있다. 숨은 입으로 불어넣기라도 할 수 있지만 몸속에 있는 심장을 달리 어떻게 하겠는가? 심장이 멎으면 죽음으로 받아들이는 것이 당연했다. 그런데 생각지도 않게 심장을 되살릴 기술을 발견한다.

1846년부터 의사들은 환자를 마취하고 수술을 했다. 환자들은 끔찍한 통증이 무서워 마취를 원했고, 의사들은 환자가 죽은 듯 가만있기 때문에 마취를 원했다. 그런데 멀쩡하던 심장이 수술 중에 갑자기 멈추는 일이 생기기 시작한다. 이유를 알고 보니 마취제로 쓴 클로로포름의 부작용이었다. 박자에 맞추어 힘차게 뛰어야 할 심장이 갑자기 부르르 떨리기만 하는 심실세동 상태가 되었다가 곧 멈춰 버리는 것이었다.

수술 중에 이런 일을 당하면 수술이 문제가 아니었다. 심실세동은 곧 심장마비의 징조이므로 의사들은 심실세동이 보이면 수술을 제쳐 두고 이것부터 해결해야 했다. 의사들은 칼로 얼른 흉막을 열고 가슴 속으로 손을 넣어 심장을 움켜쥔 후 규칙적으로 쥐어짜는 마사지를 되풀이했다. 실패도 왕왕 있었지만, 심장 박동이 되살아나면 환자는 목숨을 건졌다.

손으로 심장을 쥐어짜는 방법은 입으로 숨을 불어넣는 방법만큼이나 간단하고 단순한 기술이었지만 효과는 좋았다. 1950년대 심장마사지의 성공률은 40퍼센트 수준이었다. 가만두면 죽을 100명 중 40명을 살려 낸 것이다. 그런데 수술실이 아닌 곳에서 심실세동이나 심장마비가 오면 속수무책이었다. 설령 병실에 있는 환자라도 의사가 수술칼로 멀쩡한 가슴을 열고 심장을 마사지하는 일은 사실상 불가능에 가까웠다.

1886년에 독일의 외과 의사 프란츠 쾨니히(1832~1910)가 그런 경우에는 가슴을 손으로 힘을 주어 눌러 심장에 압력을 가하면 어떻겠냐는 참신한 제안을 했지만 아무도 호응하지 않았다. 70년이 지난 1960년에 미국의 윌리엄 쿠웬호벤(1886~1975)이 우연히 같은 가슴 압박법을 발견하여 지금까지 쓰고 있다. 혈관에 찌르는 주사기의 피스톤을 뒤로 당기면 피를 뽑아 들이고, 앞으로 밀면 약을 밀어 넣을 수 있는 것처럼, 심장은 짜부라지고 펴지는 움직임만 규칙적으로 반복한다면 제 일을 하는 것이나 다름없기에, 손으로 직접 심장을 마사지하거나 외부에서 압력을 가하는 방식 모두 효과가 있는 것이다.

심장 전기 충격의 시작

하지만 인공호흡과 흉부 압박만으로는 해결되지 않는 경우도 많았다. 심장은 수축과 이완을 반복하는 근육 덩어리일 뿐 아니라 자발적으로 규칙적인 전기를 발생시키는 섬세한 기관이다. 만약 이 전기에 문제가 생기면 앞의 두 가지 물리적 방법으로는 문제가 해결되지 않는다. 심장에 강한 충격을 주어 재부팅시켜야 한다. 1900년대에 스위스 제네바의 연구자들은 전기가 그 열쇠임을 우연히 발견했다. 멀쩡한 심장에 전기 충격을 주면 심실세동이 생길 수 있다. 그러나 더 강한 전기 충격을 주면 심실세동이 사라져 심장이 되살아난다는 놀라운 사실을 발견했다.

1947년에 심장과 전기를 연구하던 미국의 심장 전문의 클로드 벡(1894~1971)이 자신이 집도하던 수술 중에 심실세동에 빠진 환자를 붙들고 무려 45분 동안이나 심장마사지를 했지만 심장이 회복되지 않자 혹시나 하는 심정으로 1암페어(A)의 교류 전류를 심장에 흘렸다. 그러자 심장이 되살아났다. 그렇다면 가슴 위에 손을

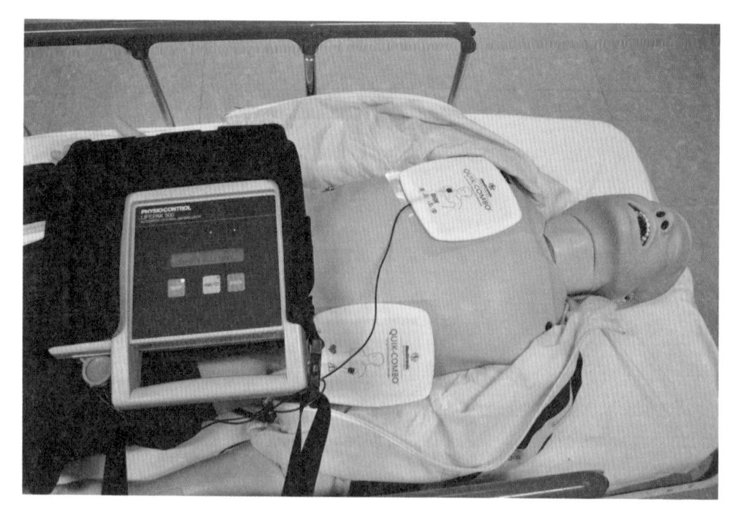

자동 심장 충격기.

대고 하는 심장마사지처럼 전기도 가슴으로 흘려 줄 수 없을까? 놀랍게도 전극을 가슴의 피부에 대고 전류를 흘려 줘도 심실세동을 없앨 수 있었다. 이후 전기로 심실세동을 제거하는 제세동(잔떨림 제거, de-fibrillation)시대가 열렸다.

이후 1959년에 보스턴의 심장내과 의사 버나드 라운(1921~2021)이 콘센트만 연결하면 쓸 수 있는 교류전류(AC)는 10밀리암페어(mA)만 넘어도 조직 손상을 일으키고 그 자체로 부정맥을 유발할 수 있다는 사실을 발견해 직류전류(DC)를 쓰도록 했다. 지금도 모든 제세동기는 직류를 쓰고, 이름도 '직류 충격기(DC shock)'라고 부른다. 자동 심장 충격기(AED)도 같은 원리다.

직류도 단점은 있다. 사용할 때마다 전원을 켜서 재빨리 충전해야 한다는 것이다. 영화나 드라마에서 위급한 순간임에도 의사들이 충격기가 100줄(J), 200줄, 360줄로 충전되기를 기다리는 것도 그 때문이다.

이렇게 인공호흡, 인공 박동, 심장 전기 충격은 제각기 발전했고, 이를 한데 모아 CPR라는 세트로 만든 이는 미국 피츠버그의 마취과 전문의 피터 서파(1925~2003)였다.

현대 심폐소생술의 아버지 피터 서파

1924년 오스트리아 빈에서 태어난 서파는 의사인 양친의 영향을 받아 의사를 꿈꾸며 자랐다. 하지만 1938년에 오스트리아가 나치 독일에 합병되면서 어린 그에게 큰 위기가 닥친다. 유대인을 박해하던 나치의 정책에 따라 유대 혈통의 모친과 나치 입당을 거부한 부친을 부모로 둔 서파에게는 의과대학에 입학할 자격이 주어지지 않았다. 고등학교를 졸업한 서파는 강제 노동 수용소에 끌려가 도랑을 파는 노동을 견뎌야 했다. 하지만 열여덟 살이 되자 군에 징집되고 만다. 서파는 악명 높은 동부전선으로 끌려갔지만 천만다행으로 첫 휴가까지 살아남았다. 집에서 휴가를 보내던 서파는 피부병에 걸려 복귀하지 못하고 군 병원에 입원한다.

이듬해가 되어 피부병이 거의 다 낫자 서파는 불안해진다. '출신 성분이 나쁜' 그는 퇴원하자마자 전선의 총알받이로 끌려갈 운명이란 걸 잘 알았기 때문이다. 서파는 자신이 결핵 반응 검사에서 거짓양성(병은 없지만 검사에서는 병에 걸린 것으로 나오는 현상)으로 나오는 체질이란 사실을 이용해 결핵 진단에 사용하는 크림을 온몸에 발랐다. 즉각 피부는 달아올랐고, 군의관은 서파가 전염병인 피부결핵에 걸린 것으로 보고 그의 퇴원을 보류했다. 이후로도 병이 나을 만하면 크림을 바르고 또 바르고 해서 결국 제대를 한다.

징집 해제 후 서파는 소망하던 빈의과대학에 입학해 의사가 된 다음 미국으로 건너가 외과 의사를 거쳐 마취과 의사의 길을 걸었다.

마취과 의사들은 환자를 마취하는 것은 물론이고 수술 중 환자들의 생명을 유지해 주는 일도 한다. 그리고 수술이 끝나면 그들을 마취에서 깨워야 한다. 서파는 그런 일이 재미 있었다.

서파는 마취과 의사에겐 식은 죽 먹기나 다름없는 '소생의 기술'을 수술장 밖으로 가져 나가면 이런저런 이유로 생명이 위태로운 환자들을 소생시킬 수 있다고 생각했다. 그 결과 수술장 밖은 물론이고 거리나 가정에서도 소생술이 널리 쓰이게 된 것이다.

1957년에 서파는 인공호흡법 연구를 시작한다. 그는 의식이 없는 환자들에게 두 가지 인공호흡법 효과를 비교하는 실험을 한다. 첫 번째 방식은 의사들이 선호하는 홀거 닐센법이었다. 환자를 엎드리게 하고 고개를 한쪽으로 돌린 다음, 등 쪽으로 팔을 들어 올리고 내리는 동장을 반복해 강제로 호흡을 시키는 수동적 호흡법이었다. 두 번째 방법은 산파들이 오랫동안 써 오던, 시술자의 날숨을 환자의 입으로 직접 불어넣는 입술 호흡법이었다. 그의 연구 결과 산파 방식이 의사 방식보다 더 뛰어난 것으로 확인되었다.

이 무렵 존스홉킨스대학의 연구진은 가슴을 눌러 주는 것으로도 심장을 통한 혈액순환이 일어난다는 것을 발견했다. 서파는 인공호흡과 심장 압박 두 가지를 묶어 '심폐 소생술의 ABC 원칙(ABC of CPR)'으로 알리고 보급했다. A는 airway(고개를 뒤로 젖혀 숨길 확보하기), B는 breathing(인공호흡), C는 cardiac massage(심장 압박)을 뜻하는 말로 긴급한 상황에서는 누구든 ABC 순서대로 CPR를 하라는 지침이었다. (지금은 심장 압박이 가장 중요한 것으로 알려져 일단 가슴부터 누르기 시작하라는 의미로 CAB의 순서로 바뀌었다.)

여기에 클로드 벡이 개발한 제세동법을 추가하여 필요하면 심장 직류 충격기를 썼다. 이것이 바로 지난 반세기 이상 때와 장소를 가리지 않고 훈련받은 사람이라면 누구나 수많은 인명을 구했던 CPR이다.

서파는 노르웨이의 완구 제조 업자 아스문드 레어달을 설득하

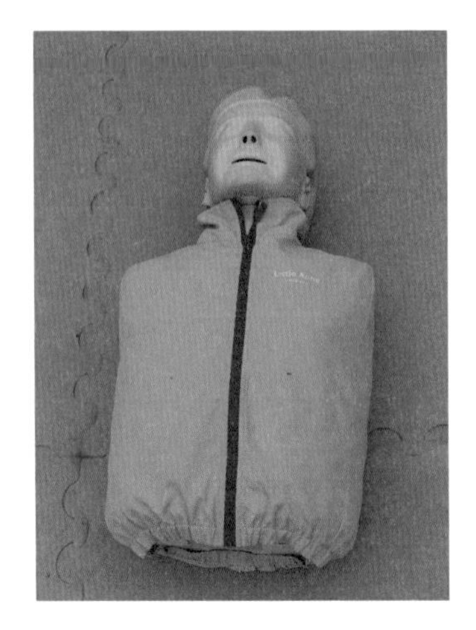

심폐 소생술 훈련용 시뮬레이터 마네킹.

여 소생술 실습에 사용할 수 있는 시뮬레이터 마네킹인 '리서시 앤(Resusci Anne, CPR Anne)'도 만들게 했다. 의학 역사상 최초의 시뮬레이터라 할 이 마네킹으로 기술을 정확하게 교육할 수 있었다.

1966년, 서파의 어린 딸이 심한 천식으로 집에서 심장이 멎었다. 병원으로 싣고 가 심장은 겨우 소생시켰지만 뇌를 회복시키지 못해 결국 안타까운 죽음을 맞았다. 이 사고를 계기로, 서파는 병원에 실려 가는 시간조차 허비하지 않도록 언제 어디서든 누구라도 CPR를 하는 것이 중요하다는 사실을 뼈저리게 느꼈다.

이후로는 의료인이나 구급대원이 아닌 일반인들에게도 CPR 교육을 개방해, 원하면 누구라도 교육을 받고 언제 어디서든 남을 도울 수 있게 했다. 의사와 숙련된 자원봉사자들이 한 팀을 이룬 미국 최초의 구급차 서비스가 서파가 살던 피츠버그시에서 출범했다. 이때부터 소생 능력을 갖춘 구급대원들이 구급차를 타고 현장으로 달려가기 시작한 것이다.

직접 해 보는 CPR 가이드

근처에 의식을 잃고 쓰러진 사람을 발견하면 누구든 다음과 같은 순서대로 CPR를 할 수 있으니 잘 기억해 두자. 우선 119에 전화하고 환자의 의식을 확인한다. 근처에 자동 심장 충격기가 보이면 매뉴얼에 따라 패드를 부착한다. 환자의 호흡을 확인하고 호흡이 없으면 가슴 압박 30회를 시작하는데, 속도는 분당 100회, 압박의 깊이는 5센티미터다(성인 엄지손가락 길이는 6센티미터 정도이다). 가슴 압박 30회를 한 후 2회 인공호흡을 한다(호흡은 생략할 수도 있다). 만약 환자의 의식이 돌아오면 옆으로 눕힌다. 의식이 회복되지 않으면 구급대원이 도착할 때까지 '30-2'를 반복한다(대한심폐소생협회).

마지막으로, 지금과 같은 팬데믹의 시대에 CPR를 할 때 각별히 주의해야 할 사항을 한번 살펴보자. CPR 전에 보건용 마스크(KF-94 등) 같은 개인용 보호구를 착용하고, 시행 후에는 본인의 손도 잘 씻어야 한다. 번거롭겠지만 본인의 안전을 위해 코로나19 검사도 받는 것이 좋다. 자, 이제 나도 할 수 있는 '3분의 기적'은 익혀 보자. 누구나 배우고 유사시에는 남을 도울 수 있다. 너무 어려워 할 필요 없다.

함께 생각해 볼 거리

- 서파는 나중에 CPR가 너무 남용되는 것에 대해 따끔한 충고를 했다. "소생술은 죽기에는 너무 젊은 사람들에게 하는 거라네!" 그렇다면 불치병이나 만성질환 말기 환자에게 심장마비가 온 상태에서 CPR를 하는 것은 옳은 일일까?
- 불치병이나 회생 불가능 상태의 환자들은 CPR를 원하지 않으면 사전 심의를 거쳐 'DNR(Do-Not-Resuscitate, 소생술 금지)' 신청을 할 수 있다. 이 경우 CPR는 목숨을 건지기보다는 죽음을 연기하는 수단이기 때문이다. 여러분은 만일의 경우를 대비해 DNR 신청을 할 의사가 있는지 이야기해 보자.

함께 읽을 책

- 샌디프 자우하르, 《심장》. 가족을 심장 질환으로 떠나보냈던 심장내과의의 에세이. 심장학 분야를 개척한 의사들의 이야기가 정리되어 있다.

함께 방문할 웹사이트

- CPR에 도움이 되는 동영상.

Part 4

오늘의 병원,
내일의 병원

13장

물질에서 생명으로

유전학

왓슨과 크릭이 조립한 DNA 모델(1953).

"우리가 생명의 비밀을 발견했다."

— 프랜시스 크릭[1]

"유전론자의 허점은 …… '유전적'이라는 말과 '필연적'이라는 말을 동일시하는 데 있다."

— 스티븐 제이 굴드[2]

'유전'이라는 단어를 떠올려 보자. 어떤 것들이 생각 나는가? 혹시 부모님과 닮은 나의 눈매, 얼굴형이 떠오르지 않는가? 맞다. 우리가 부모님의 외형, 성격, 사소한 습관을 닮게 되는 데는 유전의 영향이 크다. 그런데 실제로 '유전'이 인간에게 미치는 영향은 단순히 자식이 부모를 닮는 것 이상이다. 상처가 나도 며칠 두면 예전과 똑같은 새살이 돋아나는 것, 머리카락을 꾸준히 잘라도 똑같은 머리카락이 계속 자라나 규칙적으로 이발을 해야 하는 것도 유전 때문이다. 자신과 같은 세포를 복제해 조직을 재생하는 데 유전정보 전달이 필요하기 때문이다. 더 나아가면 의약품, 암, 항생제 내성, 변종 바이러스, 백신의 제조도 유전과 관련이 있다. 유전에 관해 우리가 알아야 할 이야기가 무궁무진하다. 역사를 통해 알아보자.

멘델에서 DNA까지

1865년, 오스트리아의 수도 사제이자 유전학자인 그레고어 요한 멘델(1822~1884)이 완두콩 연구에서 발견한 것은 단단한 구슬처럼 깨지지 않고 후손에게 꿋꿋하게 전해지는 '독립된 정보 단위'였다. 한마디로 유전을 담당하는 물질, 즉 유전자(gene)가 있다는 믿음이었다. 그렇다면 유전자는 어디에 있을까?

독일의 세포학자 발터 플레밍(1843~1905)은 세포핵 속에서 파랗게 염색되는 '실뭉치' 같은 것을 발견해 염색질로 불렀다. 그는 실뭉치, 즉 염색질이 나뉘는 유사(有絲)분열 동안의 변화를 관찰해 이 실뭉치가 유전과 관련 있다고 생각한다. 독일의 동물학자 테오도어 하인리히 보베리(1862~1915), 미국의 생물학자 월터 스탠버러 서턴(1877~1916), 미국의 유전학자인 토머스 헌트 모건(1866~1945)을 거치면서 유전정보는 염색질이 뭉쳐진 염색체 속에 있는 것으로 굳어진다.

한편 염색체가 단백질과 핵산으로 이루어져 있다는 것이 알려진다. 핵산은 1869년에 스위스의 생화학자인 요하네스 프리드리히 미셔(1844~1895)가 발견한 물질로 엉겨 붙은 실 가닥같이 생겼으며 세포핵 속에 모여 있는 산성 물질이었다. 화학자들은 핵산보다는 당연히 다재다능한 단백질이 유전물질일 것으로 보았다.

1920년대, 영국의 세균학자 프레더릭 그리피스(1879~1941)는 가열해도 그 성질을 잃지 않는다는 것으로 보아 유전물질 자체는 생명이 없는 '화학물질'이라는 사실을 발견했다. 그 무렵 X선으로 초파리 돌연변이를 연구한 미국의 유전학자 허먼 조지프 멀러(1890~1967)는 유전자가 이동하고 전달될 수 있는 물질이란 사실을 확인한다. 1944년에 미국의 세균학자 오즈월드 시어도어 에이버리(1877~1955)는 "단백질이 아닌 핵산의 일종인 DNA"가 유전물질임을 확인했다.

정리하면 멘델은 뒤섞이지 않고 후대로 전달되는 유전자의 존재를 발견했다. 플레밍은 세포 분열 전에 핵의 염색체가 먼저 분리되는 것으로 보아 유전물질은 염색체 속에 있음을 밝혔다. 그리피스는 유전물질이 화학물질일 것이라고 추정했고, 에이버리는 핵산 중 DNA가 진정한 유전물질임을 밝혔다.

DNA의 구조를 알다

그 후 핵산이 오탄당(탄소가 다섯 개인 당분), 인산, 핵 염기(nucleobase)로 이루어졌다는 것이 밝혀지고, 이 기본 구성단위를 뉴클레오타이드(nucleotide)라고 부른다. 뉴클레오타이드 중 오탄당이 리보스(ribose, 다섯 개의 탄소를 가진 단당류의 하나)이면 리보핵산(ribonucleic acid,

RNA), 데옥시리보스(deoxyribose, 리보스에서 산소 원자 하나가 없는 단당류)이면 데옥시리보핵산(deoxyribonucleic acid, DNA)으로 구별했다. 오탄당과 인산이 연결되어 만든 기다란 줄기 모양의 골격에 이파리처럼 붙어 있는 핵 염기는 아데닌(A)·구아닌(G)·사이토신(C)·티민(T)·우라실(U) 다섯 가지로 존재하는데, DNA의 핵염기는 A·G·C·T였고 RNA의 핵 염기는 A·G·C·U였다.

20세기 중반이 되면 물리학자들 중 한 무리는 '원자핵' 에너지에, 다른 무리는 '세포핵' 유전물질 연구에 투신한다. 생물학의 핵심인 유전학 연구에 물리학자가 기웃거린 것은 유전자의 구조를 파악하면 그 작동 원리를 알 수 있다고 믿어서이다. 비슷한 예로 초기의 비행기를 제작한 오토 릴리엔탈이나 라이트 형제는 새의 날개 '구조'를 연구해 비행이라는 '능력'의 비밀을 찾았다. 알렉산더 그레이엄 벨은 귀의 고막을 연구해 스피커, 나아가서는 전화기를 발명했다. 이처럼 특별한 '기능'을 발휘하기 위해서는 걸맞은 '구조'가 필요했다. 화학물질인 DNA 구조 연구는 유전 현상의 비밀을 알려 줄 열쇠처럼 보였다.

런던 킹스칼리지연구소의 물리학자 모리스 윌킨스(1916~2004)와 생물물리학자 로절린드 프랭클린(1920~1958)은 X선으로 DNA의 사진을 찍어 구조를 분석한다. 과학사에 길이 남을 정도로(!) 사이가 배배 꼬인 두 사람은 사실상 DNA 구조 연구를 선도했다. 그들을

왓슨과 크릭이 DNA 이중나선 구조를 발견한 케임브리지 캐번디시연구소.

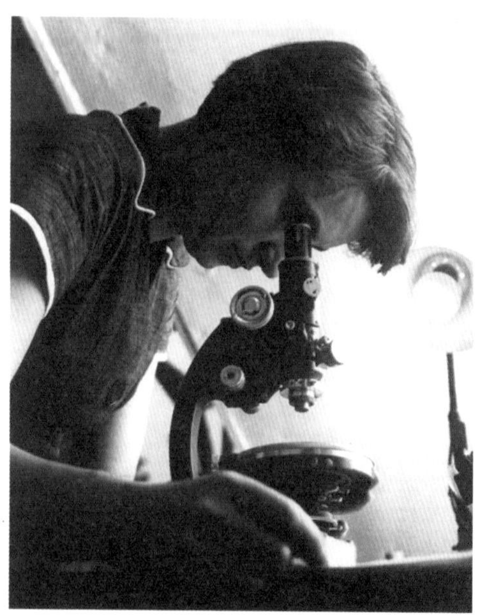

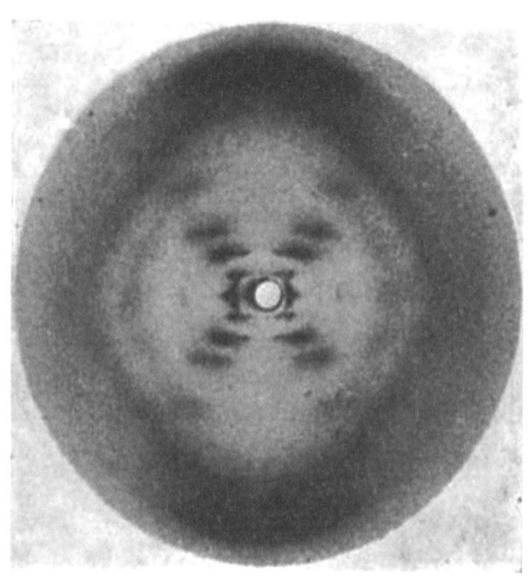

로절린드 프랭클린(위)과 그가 촬영한 DNA의 X선 회절 이미지(아래).
'사진 51'이라고 불리는 이 사진은 DNA 구조를 밝히는 데 결정적 역할을 했다.

바짝 뒤쫓던 케임브리지 캐번디시연구소의 물리학자 프랜시스 크릭(1916~2004)과 생물학자 제임스 왓슨(1928~)은 프랭클린이 킹스칼리지연구소에서 촬영한 DNA의 X선 회절 이미지를 윌킨스를 통해 입수했다. 1953년 2월, 그들은 이 사진에 등장한 결정적인 단서를 바탕으로 DNA가 이중나선 구조이며 핵 염기인 A는 T와 C는 G와 짝을 이루어 결합한다는 것을 밝혔다. 이중나선 DNA 구조는 이렇게 세상에 나왔다.

왓슨과 크릭은 유전암호는 DNA 속 '염기 서열'이라는 화학 결합 형태로 저장되었고, RNA로 전달할 수 있는 분자라고 주장한다. 이렇게 생명체의 유전정보는 분자로 이루어진 암호이며, 이것은 저장·복제·전달된다는 것을 알았다. 이후로 DNA 연구는 분자생물학(molecular biology)이라고 불리게 된다.

유전암호의 해독

"엄마 소도 얼룩소 엄마 닮았네."

우리가 잘 아는 〈얼룩송아지〉라는 동요이다. 엄마 소가 얼룩소라면 얼룩송아지가 태어나는 것은 상식이다. 하지만 유전자 덕분에 엄마 소의 얼룩무늬는 평생 사라지지 않을 뿐만 아니라 엄마 소가 얼룩말이 되지도 않는다. 그런데 유전암호, 즉 이중나선

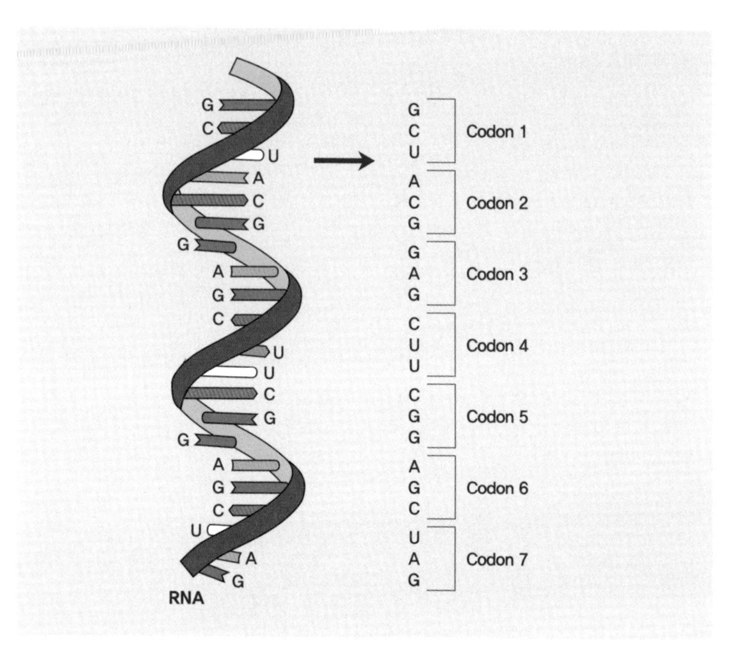

mRNA를 보면 염기 세 개씩이 아미노산 한 개의 암호이다.
아미노산이 여러 개 뭉치면 단백질이 된다.

DNA는 어떻게 우리의 몸을 만들고 생명 기능을 하고 자손에게 대물림까지 될까?

핵 속에 있는 DNA 유전암호는 먼저 RNA로 복사된 후 핵을 빠져나와 세포질 속에 있는 단백질 생산 공장(리보솜)으로 가서 단백질 합성 명령문을 전한다. 명령문의 내용이자 암호는 네 개의 염기인 A, G, C, T 가 세 개씩 배열되는 순서이다. 예를 들면 염기 순서가 CAT-ACT-GGT이면 히스티딘-트레오닌-글라이신이라는 아미노산이 순서대로 만들어져 이어진다. '도미솔 도미솔 라라라 솔~' 박자에 맞추어 음표 세 개씩을 쳤을 뿐인데 〈똑같아요〉라는 동요가 만들어지는 것처럼 말이다.

이렇게 만든 아미노산이 모이면 단백질이 된다. 단백질은 몸을 만들고 기능을 조절한다. 근육, 소화효소, 호르몬, 소화액 등 생명현상의 기본 통화는 바로 단백질이다. 일부 유전암호는 단백질이 되지 않고 세포분열 때 복제되어 자손의 세포가 되어 부모를 닮은 생명의 탄생으로 이어진다.

이처럼 생명현상의 정보 전달은 DNA→RNA→단백질로 이어지는 순서인데, 이를 '생물학의 중심 정설(central dogma)'이라고 부른다.

그런데 신기한 것이 있다. 내 몸을 이루는 모든 세포의 유전자는 똑같은데 왜 모두 다른 세포로 분화할까? 다시 말하면 어떻게 같은 유전자를 가지고 어떤 세포는 발가락이, 신경이, 머리칼이 되는가 말이다.

우리보다 먼저 이것이 궁금했던 프랑스의 생화학자 자크 뤼시앵 모노(1910~1976)는 유전자는 같아도 특정 유전자들의 활성과 억제를 담당하는 분자 스위치가 있다는 것을 알았다. 발가락에 생긴 세포는 발가락 단백질 합성 스위치가 켜져 RNA로 암호가 복제되어 발가락 단백질을 만든다. 몸의 다른 부분을 만드는 단백질은 꺼진 채로 남아 있다.

같은 스마트폰이라고 해도 어떤 앱을 켜는가에 따라 카메라로, 지도로 쓸 수 있다. 중요한 것은 '코딩(암호란 뜻이다!)' 언어로 만든 앱의 스위치를 켜고 끄는 것이다. 다른 앱이 켜질 때마다 다른 기능을 하는 스마트폰처럼, 우리 유전자도 어떤 스위치가 작동하느냐에 따라 다른 세포로 분화하는 것이다.

유전자 조작과 의약품 생산

1950년대 말에서 1960년대로 넘어가면서 유전자 복제의 과정도 밝혀지고 여기에 작용하는 효소도 알게 된다. 재료도 알고 레시피도 안다면 직접 요리를 해 보고 싶은 마음이 드는 법이다. 사람의 손으로 유전자를 손보고 싶다는 말이다. 이 과정에서 바이러스의 생리에 관한 지식이 큰 역할을 한다.

바이러스가 세포에 침투해서 하는 일은 자신의 유전자를 숙주의 세포 속에 집어넣는 것이 아닌가? 그다음부터는 숙주세포가 알아서 바이러스의 유전자를 복제하고 바이러스의 외피가 될 단백질 껍질도 만들어 준다. 바이러스를 유전자 조작의 달인이라고 할 만하다.

유인원을 감염시키는 바이러스의 일종인 시미안바이러스(simian

virus, SV)40은 숙주에 침투한 후 유전자만 끼워 놓고 활동을 중단하는 무해한 미생물이다. 이 바이러스에 우리가 원하는 유전자를 끼워 넣어 숙주세포에 옮기는 데 성공한다. 이렇게 유전자 재조합 DNA가 탄생한다.

한편으로는 대장균의 플라스미드에 SV40 유전자를 삽입하는 데 성공한다. 대장균은 30분마다 증식을 하니 짧은 시간에 엄청나게 많은 대장균이 생기고 그 모두는 우리가 원하는 단백질을 무한정 생산하는 살아 있는 공장이 된다. 이렇게 유전자를 조작하고 무한 증식하는 기술을 유전자 클로닝(cloning)이라고 한다.

1970년이 되면 역전사(RNA→DNA) 효소를 이용하여 RNA로 본을 떠 아예 'DNA를 합성'하게 된다. 이제 지구상에 존재하지 않던 유전자가 나오는 건 시간문제였다.

미국의 스탠퍼드대학의 생화학자 스탠리 코언(1922~2020)과 캘리포니아주립대학의 생화학자 허버트 보이어(1936~)는 개구리의 유전자를 세균에 심었고, 1974년에는 재조합 DNA 기술에 특허까지 냈다. 보이어는 벤처 투자가 로버트 스완슨(1974~)과 함께 바이오테크 기업인 제넨테크(Genentech)를 세우고 1978년에 사상 최초로 유전공학 기술로 만든 인슐린을 내놓았다. 이때부터 혈우병 치료제, 성장호르몬, 인터페론, 혈전 용해제, B형간염 백신 등을 유전공학 기술로 합성하게 된다.

유전자를 편집하는 기술의 최신판은 '유전자 가위'이다. 박테리오파지에 감염된 유산균이 자신의 유전자에 삽입된 파지의 DNA를 식별해 내 잘라 내는 기술로 파지의 침투를 방어한다는 사실이 알려졌다. 이것을 활용한 것이 유전자 편집 가위로 사람 유전체를 편집할 수도 있다. 가장 정교한 유전자 가위의 이름은 크리스퍼/캐스9(CRISPR/Cas9)으로 에마뉘엘 샤르팡티에(1968~)와 제니퍼 다우드나(1964~)에게 2020년 노벨 화학상을 안겨 주었다.

사람을 대상으로 하는 유전학 연구

유전학은 탄생 초기에 인간을 연구의 대상으로 삼았다가 우생학(eugenics)으로 탈선하여 큰 고역을 치렀다. 정신적으로 신체적으로 열등한 형질을 타고난 사람을 솎아 내려 했기 때문이다. 1920년대 미국에서 우생학 광풍이 불었고, 1930년대에는 독일로 건너가 나치의 '인종 위생'이라는 이름의 생지옥을 만들었다. 그러한 이력을 반성하는 의미에서 그 이후 유전학은 세균이나 바이러스만 실험 재료로 다루었다.

하지만 유전학 연구의 실용적인 목적에는 당연히 사람도 포함되므로 다시 조심스럽게 사람을 대상으로 하는 연구가 시작된다. 사람의 유전자 질환은 7만 5000개 정도 되고, 관련된 유전자는 1만

2000개 정도로 알려졌다.

1960년대가 되면 임신 상태에서 양수의 유전자 검사로 유전병을 조기 진단할 수 있었다. 1970년대 중반에는 대사성 질환도 산전 진단으로 알아냈다. 태아가 난치병에 걸릴 것을 알게 되면 임신 중절수술을 받을 수 있게 된다. 전문가들은 이것이 또 다른 우생학이 아닌지 우려의 목소리를 냈다.

1970년대 말이 되면 돌연변이 유전자 때문에 암에 걸린다는 것을 알았다. 당시 암은 불치의 병이었기에 암이 발현하기 전에 유전자를 먼저 찾는 '사전' 진단이 필요했다. 그러기 위해서는 암을 일으키는 유전자를 찾는 것이 중요하고, 이를 찾기 위해서는 정상 유전체 서열이 먼저 필요했다. 틀린 답을 찾으려면 정답지가 필요한 법이니까.

1983년에 유전병인 헌팅턴병을 일으키는 유전자를 4번 염색체에서 찾았다. 질병 유전자의 주소를 처음 확인한 것이다. 이 발견은 인간의 유전체 지도를 만들려는 야심 찬 꿈으로 이어져 1986년부터 2003년까지 인간이 가진 유전체의 모든 염기 서열을 해독하기 위한 인간 유전체 프로젝트(인간 게놈 프로젝트)가 진행되었다.

백신 제조에도 사용되는 유전학

백신은 유전학과 어떤 관련이 있을까?

전통적으로 죽거나 약하게 만든 미생물로 백신을 만들어 왔다. 하지만 최근에는 새로운 기술이 도입되었다. 미생물의 한 조각에 불과한 항원 단백질로 면역반응을 일으킬 수 있는데, 그것을 유전공학 기술로 만든다.

코로나19 백신 중 화이자-바이오엔테크와 모더나 백신은 'mRNA 백신'이다. 바이러스의 항원성 단백질을 만들라는 mRNA 명령서를 몸에 주사하여 항원 단백질을 만들게 하고 그것으로 면역반응을 유도한다.

반면 옥스퍼드-아스트라제네카(AZ)와 러시아의 스푸트니크V 백신은 '바이러스 벡터(vector) 백신'이다. 항원 합성 유전자를 아데노바이러스에 붙여 사람에게 실어 보낸다. 오래전부터 백신 제조에 써 왔기에 안전성도 이미 검증되었다. AZ백신은 침팬지 아데노바이러스, 스푸트니크V 백신은 사람 아데노바이러스를 쓴다. 코로나19를 진단하려고 쓰는 PCR 검사도 유전자를 증폭하는 원리다. 21세기의 인류는 유전공학이라는 방패로 바이러스 공격을 막고 있다.

유전학 연구로 발견된 원리를 우리의 편리에 따라 사용하는 유전공학 덕분에 인류의 선택지가 다양해졌다. 백신은 물론이고 호르몬·치료제·식품까지, 활용 범위가 점점 넓어지고 있다. 이제는 유전공학 없는 시대로 되돌아가기 어려울 정도이다. 하지만 유전학 연구를 할 때 어떤 태도와 윤리가 필요할지는 우리 모두 깊이 생각해 보아야 할 문제다.

함께 생각해 볼 거리

- 인간은 자연의 원리를 이해한 다음 그 원리를 적용해 우리 환경을 조작할 수 있다. 멘델에서 시작해 유전의 원리를 이해한 후 그 원리에 손을 대서 우리 뜻대로 유전자를 조작하는 수준에 이른 것처럼 말이다. 인간이 자연 속에 있던 유전자를 사람의 손으로 변형시킨 결정적인 순간은 언제일까? 무엇으로 시작했을까?
- 코로나19 백신을 만들 때, 왜 DNA가 아닌 mRNA로 만들까? 참고로 DNA는 사람 세포의 핵으로 들어가고, mRNA는 핵 밖에서 활동한다.

함께 읽을 책

- 아델 글림, 《유전자 사냥꾼》. 유전 질환인 헌팅턴병으로 어머니를 잃은 심리학자가 헌팅턴병 유전자를 찾아 나선 이야기.
- 올더스 헉슬리, 《멋진 신세계》. 인공수정으로 계급에 따라 맞춤형 아기를 생산하는 미래의 암울한 이야기.

함께 감상할 작품

- 앤드류 니콜, 〈가타카〉. 유전적으로 완벽한 아이를 태어나게 만드는 미래 세상의 이야기. 유전은 필연을 뜻할까?
- 스티븐 스필버그, 〈쥬라기 공원〉. 유전공학 기술로 살려 낸 공룡들이 활보하는 쥬라기 공원에서 벌어지는 무시무시한 이야기.

14장

화학무기의 놀라운 변신

항암제

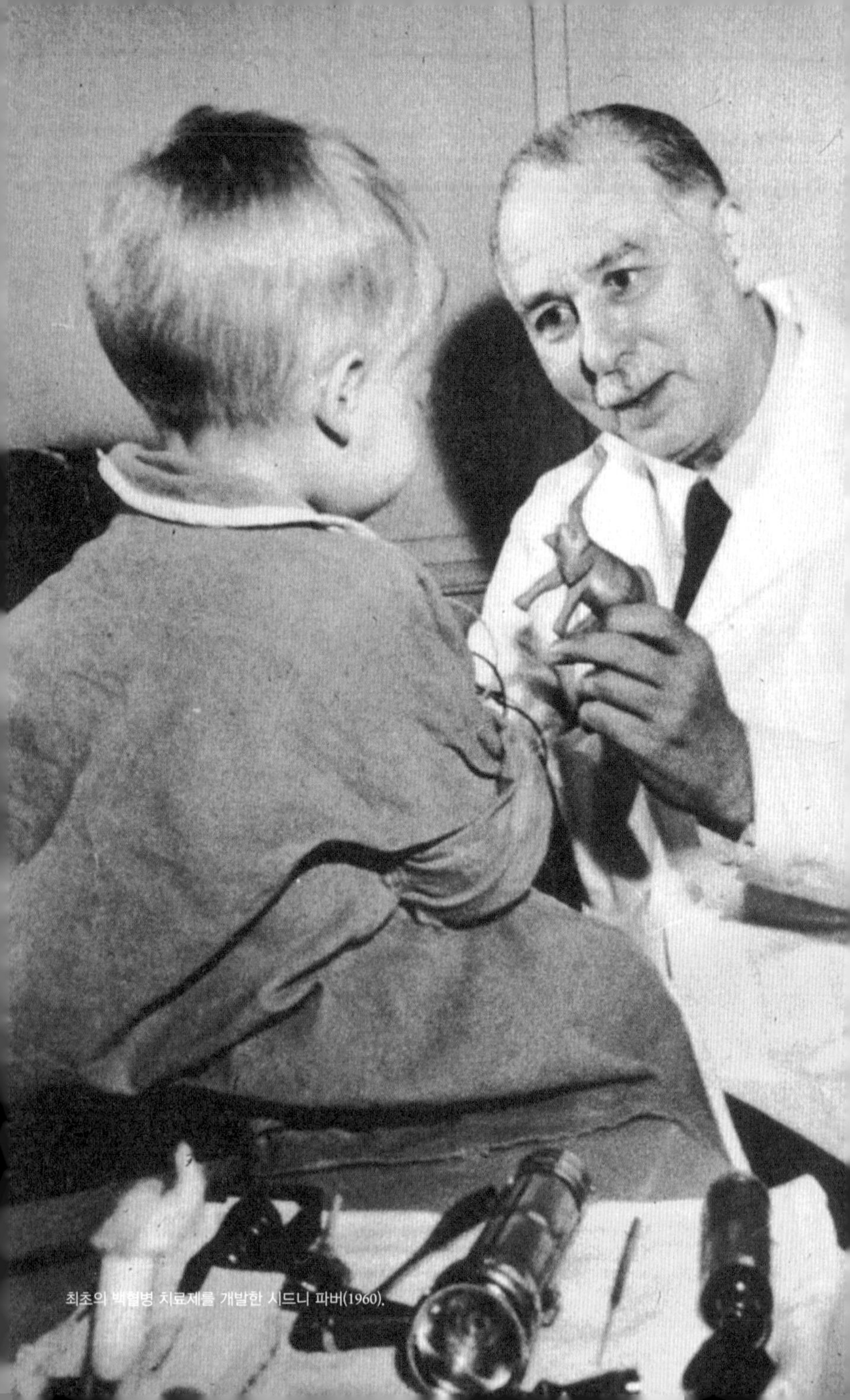
최초의 백혈병 치료제를 개발한 시드니 파버(1960).

"지독하게 심해진 병은
극약 처방을 써야 듣는다.
그렇지 않으면 효과가 없다."

— 윌리엄 셰익스피어, 《햄릿》

"종양을 죽이지 못한다면 우리는 환자를 죽일 것이다."

— 윌리엄 몰로니

'항암'이니 '케모'니 하는 말은 이제 어려운 전문용어가 아니라 많은 사람이 알아듣는 일상용어이다. 항암(抗癌)은 암과 맞서 싸운다는 말이고, 케모는 케모테라피(chemotherapy), 즉 화학요법을 말한다. 인간은 적어도 기원전 5세기부터 암을 칼로 잘라 냈고, 1920년대부터는 방사선으로 태웠으며, 1950년대에는 화학물질(약)을 주사해 세포를 독살했다. 이렇게 수술, 방사선, 약물 삼총사는 항암 치료의 바탕을 이루었다. 하지만 항암 치료라고 말하면 일반적으로 항암제 주사를 맞는 것, 즉 화학요법을 말한다. 암에 대항하는 화학요법이 어떻게 발전해 왔는지, 어떤 원리인지 함께 알아보자.

악성빈혈에서 얻은 백혈병 치료의 힌트

보스턴 어린이병원에서 일하던 시드니 파버(1903~1973)는 환자를 치료하는 임상 의사가 아니라 현미경으로 인체 표본을 관찰해 정확한 질병을 밝히고 진단하는 병리학자였다. 1937년 그는 어린이들의 목숨을 위협하는 중대 질병인 백혈병 연구를 시작했다. 그는 그 무렵 새로 발견된 악성빈혈의 치료법에서 백혈병 치료의 힌트를 얻고자 했다.

빈혈은 적혈구 수가 감소한 상태를 일컫는다. 적혈구를 만드는 여러 재료 중 한 가지라도 부족하면 빈혈이 생기는데, 가장 흔한 원인은 철분 부족이다. 이 경우 철분만 보충해 주면 잘 낫는다. 하지만 철분을 주어도 나아지지 않는 '악성'빈혈이 있다. 이 경우 환자들의 핏속에는 미성숙한 적혈구들이 많다. 악성빈혈은 비타민 B_{12}나 엽산을 주어야 치료할 수 있다.

엽산은 DNA 합성에 필요한 원료이다. 엽산이 부족하면 골수에서 매일 3000억 개나 태어나는 혈구 세포가 제대로 만들어지지 못한다. 그 결과 일종의 반(半)제품이라 할 미성숙한 혈구 세포들이 핏속으로 쏟아져 나오고, 미성숙 적혈구는 산소 공급을 제대로 하지 못하게 된다. 이것이 악성빈혈이다.

같은 원리로 파버는 미성숙한 백혈구가 골수에서 쏟아져 나와 제대로 된 면역 기능을 못하게 되면 백혈병에 걸리는 것이라고 가정했고, 백혈병에서 보이는 미성숙 백혈구들도 엽산을 보충해 주면 제대로 된 백혈구로 변할 것으로 여겼다.

파버는 소아과 의사들을 설득해 백혈병 환자에게 엽산을 써 보게 했다. 그러나 결과는 한마디로 대재앙이었다. 불에 기름을 부은 것처럼, 오히려 환자의 혈액에서 미성숙 백혈구가 폭발적으로 늘어났다. 파버는 '환자에게 해를 주지 말라'는 의료의 제1 원칙조차 어기고 참담한 실패를 맛보았다. 하지만 그는 이때 얻은 쓰라린 경험을 헛되이 쓰지 않았다. 이 경험을 토대로 그는 발상의 대전환을 한다. 엽산이 미성숙 백혈구 생산에 보약(!)이 되었다면, 엽산을 못 쓰게 하면 어떨까?

파버는 제약사에서 엽산의 유사 물질인 아미노프테린을 구한다. 이 물질을 몸에 주사하면 엽산이 결합해야 하는 세포 수용체에 이 녀석이 들러붙는다. 안 쓰는 콘센트에 꽂아 두는 마개와 비슷하다. 콘센트에 꽂으려 해도 꽂히질 않으니 전기가 통하지 않는다. 아미노프테린이라는 마개 때문에 몸에 들어온 엽산은 아무 작용도 하지 못하게 된다. DNA 합성이 중지되니 세포는 더는 증식하지 않는다.

1947년 12월에 백혈병을 앓던 한 어린이가 아미노프테린 주사를 처음 맞았다. 이번에는 기대한 대로 미숙한 백혈구가 말끔히 사라졌다. 이 성공에 자신을 얻어 다른 환자들에게도 주사를 투여했고 총 열여섯 명 중 열 명이 회복세를 보였다. 하지만 안타깝게도 약효는 몇 달밖에 가지 않았다. 환자들은 길어야 6개월 더 살았다.

부분적인 성공이지만 백혈병에 대한 인류 최초의 반격이었다. 아미노프테린과 같이 엽산의 기능을 방해하는 물질(길항제, 비슷한 구조이지만 작용을 막는 물질)에 관한 후속 연구가 이루어져, 결국 강력한 항암제 메토트렉세이트(methotrexate, MTX)의 탄생으로 이어진다. 암을 화학물질로 공격해 치료하는 시대가 눈앞에 다가온 것이다. 하지만 다른 한쪽에서는 '화학무기'를 이용한 항암제 연구가 비밀스럽게 진행 중이었다.

독가스 폭발의 아비규환 속에서

제2차 세계대전 중인 1943년 12월, 영국이 점령한 남이탈리아의 바리항은 독일 공군의 공습을 받았다. 순식간에 연합군 함선 열일곱 척이 폭파되고 침몰하는 큰 피해를 보았다. 그리고 침몰한 선박에서 특이한 독성 물질이 해상으로 흘러나오기 시작했다. 미군 수송선이 극비리에 운반 중이던 화학무기 니트로겐머스터드(nitrogen mustard, 질소 겨자)였다. 그 사실을 꿈에도 모른 채 폭발을 피하려 바다로 뛰어든 사람들은 피부를 통해 이 물질이 다량 흡수되었다. 구출된 사람 중 상당수는 유독한 질소 겨자 중독으로 목숨을 잃었다.

질소 겨자의 존재를 모른 채 현장을 조사하던 미군 군의관인 스튜어트 알렉산더(1914~1991) 중위는 희생자의 체내에 백혈구가 전멸한 것을 발견한다. 마침(!) 화학무기 전문가던 그는 한눈에 희생자들이 질소 겨자 중독 상태라는 것을 알아차린다. 그는 그 사실을 밝혀 보고서를 제출했지만, 상부에서는 그의 보고서를 비밀로 분류하고 관련 기록들을 모조리 삭제한다.

사실 군에는 질소 겨자를 이용해 화학무기를 개발하는 비밀 부대가 있었다. 동시에 예일대학교와 시카고대학교 연구팀에 의뢰해 질소 겨자의 항암 효능도 시험 중이었다. 때마침 바리 공습이 일어나 질소 겨자가 유출되었고, 사람들이 질소 겨자에 우발적으로 노출된 것이다. 이를 철저히 조사한 알렉산더 중위의 보고서는 사실상 건강인이 질소 겨자에 노출되었을 때 어떤 일이 일어나는지에 대한 독성 시험 보고서나 다름없었다.

본의 아니게 알렉산더의 보고서는 질소 겨자의 항암 효과 연구에 도움을 주었다. 종전 후인 1946년, 파버의 연구보다 몇 달 앞서 군의 비밀 연구를 담은 논문이 발표된다. 질소 겨자는 개량을 거듭해 1957년에 항암 요법제 사이클로포스파마이드의 탄생으로 이어진다.

바리항 공습.

천만다행으로 화학무기 사용 없이 제2차 세계대전은 끝났다. 화학무기 팀의 지휘관이었던 코닐리어스 로즈(1898~1959) 대령은 군을 떠나 1948년에 문을 연 슬로언케터링연구소(SKI)의 항암제 개발 책임자가 되었다. 로즈는 전쟁 전에는 혈액학자였고, 전쟁 중에는 극비 연구의 책임자였기에 당시로는 항암제 연구에서 매우 유리한 위치였다. 로즈는 옛 부하들을 불러 모아 재빨리 화학무기를 화학 치료제로 개조한다. 그 결과 1950년에 백혈병 치료제인 6-메르캅토푸린(6-mercaptopurine, 6-MP)이 나왔다.

엽산, 질소 겨자, 6-MP는 연구자들에게 환희와 좌절을 동시에 안겨 주었다. 효과는 놀라웠지만 오래가지 않았기 때문이다. 기적은 신기루처럼 사라지고 암이 재발되어 환자들은 결국 목숨을 잃었다. 환자도 연구자도 1940년대에는 희망에 부풀었지만, 1950년대는 뼈아픈 좌절을 맛보았다.

항암제의 골드러시

1955년부터 10년 동안 미국 국립항암화학요법서비스센터(CCNSC)는 항암제 후보 물질 21만여 개를 분석한다. 합성 물질은 물론이고 미생물이나 식물에서 얻은 천연물도 포함했다. 시험 방식은 20세기 초에 매독 치료제 606호를 만든 에를리히나 설파 항생제를 합성한 도마크의 방식과 크게 다르지 않았다. 동물에게 써 보고 실패하면 개량하고 시험하고……를 반복했다. 약물 검색이라고 불린 이 연구는 사실상 끝없는 시행착오의 연속이었다. CCNSC의 검색 작업이 기대만큼 큰 성과는 없었지만 항암 제약 산업이 본격적으로 성장할 토대를 마련해 주었다. 이 토대를 기반으로 이 기간 많은 항암제가 개발된다.

항암제들이 쏟아져 나온 시기에는 항생제들도 쏟아져 나왔다. 앞서 살펴보았듯이 항생제 사용에서 가장 큰 문제는 내성균의 출현이었고, 항암제도 마찬가지로 내성을 가지고 끝까지 살아남는 암세포가 골칫거리였다. 감염병 전문의들은 내성이 잘 생기는 결핵을 치료하려고 아예 처음부터 여러 가지 항생제를 동시에 투약해서 큰 성공을 거두었는데, 암 전문 의사들이 이를 본받아 여러 항암제를 함께 쓰는 병합 요법을 시작한다.

항암 치료를 통해 암세포의 99.9999퍼센트가 죽어도 살아남은 0.0001퍼센트가 불씨를 되살려 암을 재발시킨다. 이를 방지하려고 서로 다른 방식으로 암세포를 죽이는 항암제들을 처음부터 섞어서 쓴다. 그렇게 하면 하나의 항암제 공격을 이겨 낸 암세포라 해도 다른 항암제의 공격으로 죽을 확률이 높다.

1960년대 초에 어린이 백혈병에 네 가지 항암제를 쓰는 VAMP(빈그리스틴+아메토프테린+6-MP+프레드니솔론) 프로그램이 도입되었다. 효과는 아주 좋았다. 곧 성인의 호지킨 임파암에도 병합 투약을 시작했다(MOMP나 MOPP). 이후로도 AC, BVP, ABVD, BEP, C-MOPP, ChlaVIP, CHOP, ACT, L-PAM, CMF, …… 수많은 항암제가 함께 쓰였다. 항암 치료제의 이름이 화학식처럼 보일 지경이었다. 이렇게 본격적인 화학요법의 시대가 열렸다.

화학요법은 환자에게 견디기 힘든 부작용을 일으키므로 보통은 주사 후 휴식 기간을 가지고 되풀이한다. 유방암의 경우에는 암 제거 수술 전후하여 몇 주 간격으로 4~8회 정도로 6개월 동안 항암제 주사를 맞는다. 그래서 '항암 혹은 케모 몇 차'라는 말이 생졌다.

항암 화학요법이 나온 지 30년이 되는 1970년대가 되면 어린이의 백혈병과 어른의 호지킨 임파선암은 어느 정도 치료가 되는 병이 된다. 혈액암의 치료 성공에서 자신을 얻은 화학요법은 덩어리 형태로 자라는 고형암에 도전한다.

유방암이나 대장암 같은 고형암은 수술로 암 덩어리를 싹둑 잘라 낸다 해도 주변으로 퍼진 보이지 않는 암세포들 때문에 재발했다. 이를 막으려고 화학요법을 추가해서 외과 의사의 칼날을 피해 달아난 암세포를 공격했고, 재발률을 낮추었다. 이제 암은 덩어리가 아닌 세포 수준의 문제였다.

새로운 항암 치료

세포 수준까지 내려간 암의 문제는 다시 분자 수준으로 내려간다. 1980년대 이후에는 기존의 방식과 다른 신세대 항암제들이 등장한다. 구세대 항암제들은 그 자체가 온전한 생명체라고 할 수 있는 암세포를 공격했다. 저마다 필살기는 달랐다. 엽산을 못 쓰게 만들어 암세포를 굶겨 죽이거나(아미노프테린), DNA에 작용하여 세포분열을 방해하거나(겨자와 백금), 세포분열 때 쓸 분자 뼈대 형성을 방해했다(매일초 추출물인 빈크리스틴).

하지만 신세대 항암제들은 전혀 다른 방식으로 움직였다. 종양 유전자의 지령을 받아 만들어져서 암을 만들어 내는 특정 단백질에 들러붙는 치료제, 암세포를 만드는 촉진효소(키나제)를 억제하는 치료제, 종양 유전자에 결합하는 항체 등이다.

대표적인 약물이 유방암에 쓰는 허셉틴(1998)과 백혈병 치료제인 글리벡(1999)이다. 이렇게 세포보다 더 작은 단위인 분자나 유전자를 표적으로 삼아 공격하는 치료를 '표적 치료'라고 부른다.

21세기에 들어서는 우리 몸의 건강한 면역 세포를 이용해 암세포를 공격하는 방식인 '면역 항암 치료'가 추가되었다. 이제 암 백신, T-임파구, NK세포, 항체 등등이 항암 전선에 속속 투입된다. 이 분야는 이제 시작이다.

항암 약물 치료는 1세대 세포독성, 2세대 표적 치료, 3세대 면역 항암의 단계로 발전해 왔다. 앞으로는 어떤 치료법이 나올까? 발암 위험성이 높은 돌연변이 유전자를 찾아내어 위험도를 평가하는 방식은 이미 실용화되었다. AI나 딥러닝을 이용한 조기 발견 기술이 발전하면 발암 유전자를 아예 없애 버리는 시대가 오지 않을까?

함께 생각해 볼 거리

- 표적 항암 치료는 암세포를 암세포로 키우는 물질이나 경로를 표적으로 삼아 공격한다. 감염병의 경우에 유사한 치료법은 무엇이 있었을까? 이를테면 병원균 자체가 아닌 병원균이 내뿜는 독소를 표적으로 삼아 치료한 방법 말이다.
- 모친을 유방암으로 잃은 영화배우 안젤리나 졸리는 자신이 유방암 발병 위험이 큰 유전자를 가진 것을 알고 선제적인 유방 절제 수술을 받았다. 암 치료의 어느 방식에 해당할까?

함께 읽을 책

- 알렉산드르 솔제니친, 《암 병동》. 1960년대에 소련에서 나온 소설로 항암 치료를 받는 다양한 환자들과 의사들의 고뇌를 담고 있다. 질소 겨자가 항암제로 등장한다.
- 닥터 X, 《인턴 X》. 1960년대에 미국에서 나온 소설. 백혈병 치료를 위해 쓰는 호르몬과 6-MP가 등장한다.
- 조디 피코, 《마이 시스터즈 키퍼》. 전골수구 백혈병을 앓는 언니를 위해 맞춤형 공여자로 태어난 동생 이야기. 동명의 영화도 있다.

함께 감상할 작품

- 제리 작스, 〈마빈의 방〉. 백혈병에 걸려 골수이식을 위해 20년 만에 찾은 자매의 이야기.

15장

칼 없이 몸속을 보는 법

영상의학

CT를 개발한 전기공학자 고드프리 하운스필드(1996).

"…… 이 순간 조수가 배전반에서 필요한 조작을 하니까 물질을 투시하는 데 필요한 어마어마한 힘이 2초 동안 활동했다. …… 옆길로 새면서 쾅 하고 총소리 같은 게 들리면서 방전이 되었고, 계량기에서는 푸른빛을 내면서 굉음이 났다. 기다란 번갯불이 뿌지직 소리를 내면서 벽을 따라 달렸다. 어디선가 붉은빛이 눈알같이 조용히 위협하듯 실내를 들여다보았고, 요하임의 등 뒤에 있는 목이 긴 병이 녹색 빛깔로 가득 찼다. 그러고 나서 모든 것이 조용해지더니 빛의 현상이 사라졌다. 요하임은 겨우 참았던 숨을 내쉬었다. 이것으로 촬영은 끝난 것이다."

— 토마스 만, 《마의 산》, X선 촬영 장면[1]

"MRI를 찍을 때 들은 소음은 온 힘을 다해 고함을 지르는 당나귀와 함께 작은 방 안에 갇힌 것과 비슷하다."

— 어느 의사의 촬영 경험

몇 년 전에 MRI를 찍은 적이 있다. 그때 나의 뇌 사진을 처음 보았는데 기분이 묘했다. 나는 의사 일을 하며 환자들에게 많은 검사를 받게 했지만 환자의 처지가 되어 꽤 많은 검사를 받았다. X선 촬영은 부지기수이고, 내시경, 초음파, CT, MRI 검사도 받았다. 환자들에게 검사를 받게 할 때는 몰랐지만 환자로 검사를 받을 때는 이런저런 생각과 감정으로 머리가 복잡했다. 결과에 대한 두려움도 있었지만, 검사 자체로 힘든 경우도 많았다. 그래도 불만은 없다. 이런 검사가 없다면 몸속을 들여다보기 위해 수술을 받아야 하니까 말이다. 영상의학에 고마움을 돌리며, 칼을 대지 않고 사람의 몸속을 들여다본 역사를 알아보자.

뢴트겐의 X선

1895년에 독일의 물리학자 빌헬름 콘라트 뢴트겐(1845~1923)이 발견한 X선 촬영은 골절, 폐렴, 결핵 등의 진단에 큰 도움을 주었다. 뢴트겐은 진공관 속에서 전기 현상을 연구하다가 인체를 관통하며 손뼈의 그림자를 보여 주는 새로운 방사선을 발견한다. 이것이 X선이다. 그는 이 발견으로 1901년에 첫 노벨 물리학상 수상자가 되었다. 제1차 세계대전 중에는 몸속 깊숙이 박힌 파편도 X선으로 쉽게 찾았다. 당대 최고의 방사선 과학자인 마리 퀴리(1867~1934)는 트럭에 X선 촬영기를 싣고 부상병을 찾아 전선을 누볐다.

비스무트나 바륨 같은 묵직한 물질을 삼킨 후 X선 촬영을 하면 위장의 운동을 볼 수도 있었다. 이런 물질을 조영제라고 한다. 이를 마시면 위장관 점막 촬영, 비뇨기계 기능 평가, 혈관 구조, 머릿속 뇌실까지 뚜렷이 볼 수 있었다.

하지만 X선 촬영은 한계가 있었다. 뼈처럼 밀도가 높고 단단한 것은 잘 보여 주었지만, 밀도가 낮고 부드러운 조직은 잘 보여 주지 못했다. 또 위치는 보여 주었지만 깊이를 보여 주진 못했다. X선만 가지고 진단을 내려야 했던 의사들은 그림자 연극을 보면서 등장인물의 얼굴을 상상해야 하는 관객과도 같은 처지였다.

한계를 극복하려는 시도도 있었다. 여러 각도로 찍어 입체적인

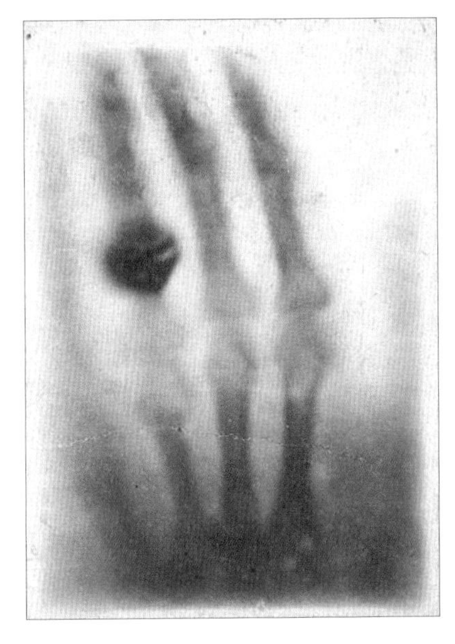

최초의 X선 사진.

모양을 재구성해 보는 방법이었다. 도형의 정면도와 측면도를 보며 입체적인 모양을 유추하는 것과 비슷하다. 1930년대에는 토모그래피(tomography, 단면 촬영) 촬영법을 개발했다. 사진을 찍는 순간에 X선을 쏘는 음극선관과 X선을 받는 필름을 반대 방향으로 살짝 움직여 특정 깊이의 '횡단면'을 보기 시작했다. 본질적으로는 X선 촬영인 CT가 바로 토모그래피 사진의 원리에서 출발했다.

단면에서 입체로 나아간 CT

CT는 '컴퓨터로 처리한 토모그래피(Computed/Computerized Tomography)'의 줄임말로, 우리는 '컴퓨터단층촬영'으로 번역한다. 원통형의 CT 촬영기는 환자의 몸을 빙 둘러 가며 X선을 주고받고, 인체를 관통한 수치 데이터를 컴퓨터가 처리해서 사진으로 만든다. 50여 년 전에 세상에 처음 나왔다.

1956년에 남아프리카 태생의 미국 생리학자 앨런 코맥(1924~1998)은 방사선 치료를 받는 암 환자들이 암 덩어리의 위치나 깊이와 관계없이 모두 일률적으로 정해진 양의 방사선을 쬐는 것을 알았다. 암 덩이 앞에 놓인 조직의 밀도가 높으면 방사선이 차단되는 효과가 생기므로 보정이 필요하다고 생각한 코맥은 조직마다 다른 방사선 흡수량을 확인하고 그 차이를 치료용 방사선 투여량에 반영하려고 했다.

조직별 방사선 흡수량의 차이를 계산한 코맥은 그 차이를 역이용해서 영상을 만들 가능성을 보았고, 이것에 필요한 알고리듬과 수학적 함수를 만들었다. X선 흡수도 차이와 토모그래피 촬영 기법을 이용해 단면 촬영법을 개발한 것이다. 하지만 실용화되지는 못했다. 간단한 영상 하나 얻는 데도 계산이 너무 복잡했기 때문이다. 당시의 컴퓨터는 이 계산을 감당할 수 없었다.

영국의 전기공학자 고드프리 하운스필드(1919~2004)는 코맥의 연구는 모른 채 CT를 연구하고 있었다. 그는 제2차 세계대전 중에 영국 공군 레이더 부서에서 일했고, 종전 후에는 음반 회사로 유명한 EMI의 연구소에서 레이더와 컴퓨터(!)를 연구했다.

1967년부터 독자적인 CT 개발에 매달린 하운스필드는 조직의 밀도를 단위로 표시했다(하운스필드 단위로, HU라고 표시한다). 물은 0, 공기는 -1000, 아주 단단한 뼈는 +2000, 금속은 +3000이었다. 이 숫자를 영상으로 옮긴 것이 지금 우리가 보는 CT 사진이다. 밀도가 낮으면 검게, 높으면 희게 보이므로 공기는 비교적 까맣게, 뼈는 하얗게 보인다.

1971년에 CT가 처음으로 사람의 몸을 촬영했다. 그 역사적인 곳은 유명 대학 병원이 아니라 런던의 앳킨슨몰리병원이었다. 이 병원의 방사선과 여성 전문의가 하운스필드의 연구에 관심을 가지고 도와주었기 때문이다. 다른 의사들은 CT에 관심이 없었다.

흑백의 CT 사진은 세상을 깜짝 놀라게 했다. 뇌를 열지도 않고 뇌의 단면을 정확히 보여 준다는 것은 당시로서는 획기적인 일이었다. 시작은 코맥이 빨랐지만, 하운스필드는 컴퓨터를 연구한 경험을 바탕으로 빠르게 CT 개발에 성공할 수 있었다. 이후 코맥도 미국에서 자신의 CT를 만드는 데 성공했고, 두 사람은 영상의학의 역사를 새로 세운 CT 개발의 공로를 인정받아 1979년 노벨 생

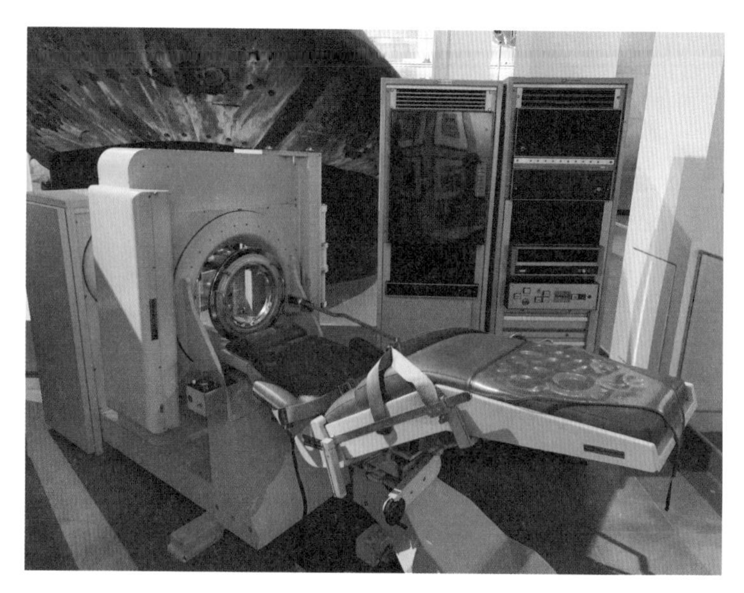

EMI의 CT촬영기(1971).

리 의학상을 공동 수상했다.

물리학자가 발명한 MRI

CT에 이어 또 한 번 세상을 놀라게 한 것이 자기 공명 영상 장치(Magnetic Resonance Imaging, MRI)다. CT가 전기공학자와 물리학자의 손에서 만들어진 것처럼 MRI도 물리학자의 손에서 태어났다.

1949년에 자기장에 입자를 넣어 두고 전자기파를 쏘면 원자핵

MRI 촬영기(1983).

이 공명하는 현상인 핵자기공명(Nuclear Magnetic Resonance, NMR)이 발견된다. 1973년에 미국의 화학자 폴 라우터버(1929~2007)가 자기장에 변화를 주어 영상을 만들 가능성을 발견했다. 영국의 물리학자 피터 맨스필드(1933~2017)는 자기공명을 이용해 빠른 속도로 영상을 만드는 방법을 발견해 MRI 기계를 만들었다.

한편 미국 의사 레이먼드 다마디언(1936~)은 자기장을 이용해 암을 진단하는 기계를 만들어 1977년에 처음으로 사람 몸을 촬영했다. 하지만 2003년 노벨 생리 의학상은 라우터버와 맨스필드만 공동 수상했다.

우리나라 최초의 MRI는 1984년에 서울 영등포 신화병원에 설치된 것으로 과학기술원의 조장희 교수팀이 개발하고 금성통신(LG전자의 전신)이 만든 제품이었다. 이후에 두 대가 더 개발되어 서울대병원에도 설치되었지만 안타깝게도 명맥을 잇지 못했다.

초음파로 임부의 뱃속을 들여다보다

요즘 사람 중 초음파 검사 한번 안 받아본 사람이 있을까? 안 받았다고? 그렇다면 엄마에게 여쭈어보길 권한다. 엄마 배 속에서 초음파를 안 받고 태어난 사람은 요즘 거의 없으니까.

초음파는 인간이 들을 수 있는 소리보다 높은 주파수의 소리(20킬로헤르츠[kHz] 이상)다. 사람은 못 듣는데 동물이 듣는 소리가 있다는 것을 알아채 초음파의 존재를 알게 되었다.

1876년에 영국의 유전학자 프랜시스 골턴(1822~1911)은 고음 감지 능력을 확인할 수 있는 호루라기를 만들었다. 이 호루라기는 개를 부르는 데 쓸 수 있었다. 골턴 자신은 몰랐지만 이 호루라기가 내는 소리가 바로 초음파였다.

골턴의 초음파 호루라기.

1880년, 프랑스 물리학자인 자크(1855~1941)와 피에르(1859~1906, 이후 마리 퀴리의 남편이 된다) 퀴리 형제가 압전 현상을 발견했다. 결정 구조에 압력이나 진동을 주면 전기가 생기는 현상이다. 퀴리 형제는 그 반대의 현상, 즉 수정 결정에 전기를 가해서 진동이나 소리를 만들어 냈다. 이 원리대로라면 초음파도 만들어 낼 수 있었다. 자, 그러면 초음파를 만든다면 어디에 쓸 수 있을까?

1912년 4월에 타이타닉호가 대서양에서 부빙과 충돌해 침몰하는 대참사가 있었던 이후로 선박의 안전 운항에 대한 관심이 드높아진다. 음향 물리학자들은 맑은 날보다는 안개나 구름이 낀 날에 소리가 더 크고 멀리 퍼지는 사실, 음파가 공기 중에서보다 물속에서 더 빠른 속도로 전파된다는 사실을 이용해 운항 중 물속의 장해물을 파악하는 데 음파를 이용해 보기로 한다.

1912년에 영국 수리물리학자 루이스 프라이 리처드슨(1881~1953)은 초음파를 쏘고 장해물로부터의 메아리를 수신하여 수중의 물체를 탐지하는 기계(echo-locator, 반향 정위계)를 발명했고, 1915년에 프랑스 물리학자인 폴 랑주뱅(1872~1946)은 초음파로 물속의 빙산과 잠수함을 탐지하면서 거리까지 알 수 있는 '하이드로폰(Hydrophone)'을 개발했다. 이것이 더 발전해 오늘날에도 수중 탐색 장비로 널리 사용하는 '소나(Sound Navigation And Ranging, SONAR)'가 된다.

1930년대에는 기계 장비 내부에 숨은 균열을 찾기 위해 초음파를 이용한 비파괴검사를 시작하는데, 이 비파괴검사기가 의사들의 손으로 흘러온다.

1937년에 빈대학교의 카를 두식(1908~1968)은 처음으로 초음파를 인체에 쏘았지만 별다른 결과를 얻지 못했다. 그가 보고 싶은 것은 뇌였지만 초음파는 두꺼운 두개골을 뚫지 못해 성과가 없었다.

1953년, 스웨덴의 심장내과 의사 잉게 에들러(1911~2001)는 핵물리학자 카를 헬무트 헤르츠(1920~1990)의 도움으로 공장에서 쓰던 '초음파 반사경'으로 심장을 들여다본다. 심장 초음파는 여기에서 시작했다.

영국 글래스고의 산부인과 의사 이언 도널드(1910~1987) 역시 공장에서 쓰던 초음파 장비를 빌려 와 임부의 배 속을 들여다보았다. 부인과 영역에서 초음파를 처음 쓴 것이다. 초음파를 통해 임신 상태와 태아의 이상 유무를 확인하고 여성 암도 찾아낼 수 있어 쓸모가 많았다. 초음파 하면 산부인과 의사를 떠올릴 정도였다. 상대적으로 내과와 외과 의사들은 초음파라는 신세계에 발을 늦게 들여놓았다.

최초의 초음파는 그래프 모양이었지만 흑백사진 수준을 거쳐 1970년대에는 실시간 영상으로 진화했고, 1980년대 중반에는 혈류 순환을 볼 수 있는 기능이 추가되었다. 지금은 입체 영상은 물론이고 실시간으로 움직임도 볼 수 있다.

내시경

대롱 모양의 기구를 직접 몸속에 넣어 몸 안을 들여다보고자 한 시도는 고대 그리스 때부터 있었지만 결코 쉬운 일은 아니었다. 몸 안을 들여다보는 데는 두 개의 난제가 있는데, 몸속은 캄캄하다는 것과 몸 안으로 들어가는 길은 널찍한 직선 통로가 아니라 좁고 구불구불한 동굴이라는 것이다.

프랑스 의사 앙투안 데소르모(1815~1894)는 지금으로부터 170여 년 전인 1853년에 방광경을 만들었다. 그가 환자에게 쓴 방광경은 1806년에 독일 의사 필리프 보치니(1773~1809)가 만든 '도광기(Lichtleiter, 빛으로 보는 기계라는 뜻)'라는 기구의 원리를 응용한 것으로, 몸속에 집어넣을 수 있는 길쭉한 깔때기 모양의 내시경이었다.

1868년에 독일 의사 아돌프 쿠스마울(1822~1902)은 길이 47센티, 지름 1.5센티의 기다란 원통형 위내시경을 만들었다. 쿠스마울은 칼을 삼키는 묘기를 부리는 곡예사들에게 내시경을 삼키게 해 위를 관찰했다. 하지만 최초의 위내시경은 곡예사가 아닌 일반인들이 삼키기에는 힘들고 위험해서 널리 쓰이지는 않았다.

1877년에는 인공 광원(조명)을 탑재한 방광경이 완성되었고, 이듬해에는 토머스 에디슨의 백열전구가 도입되면서 조명 문제가 해결된다. 구불구불한 몸속을 어떻게 유연하게 들어가느냐 하는 문제가 남은 것이다.

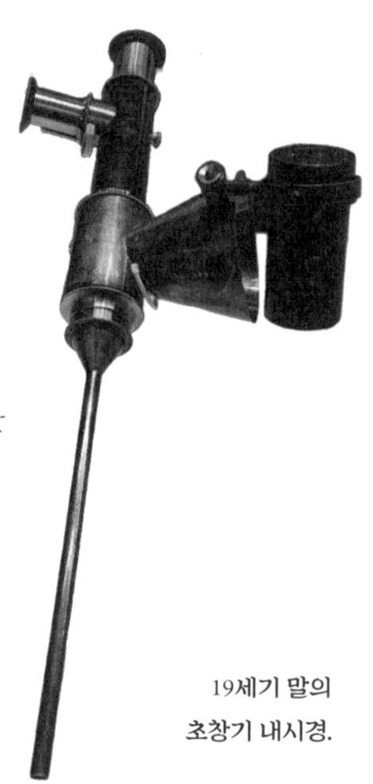

19세기 말의
초창기 내시경.

1911년에 렌즈와 프리즘을 넣어 만든 '구부리는' 내시경이 나왔고, 1930년대 초에는 독일 의료 기구 제작자인 게오르크 볼프(1873~1938)와 의사 루돌프 쉰들러(1888~1968)가 힘을 합하여 '더 많이 구부러지는' 위내시경을 만들었다.

1950년에는 일본에서 의사 우지 다쓰로(1919~1980)와 광학회사 올림푸스의 기술자인 스기우라 무쓰오(1918~1986)가 공동으로 만든 내시경이 처음으로 위장 내부를 '촬영'했다. 두 사람은 열차에서 우연히 만나 이야기를 나누다가 의기투합했다고 한다.

1958년에는 미국 의사 바실 허쇼위츠(1925~2013)와 물리학 전공대학원생 래리 커티스가 광섬유를 넣어 만들어 '잘 휘어지는' 파이버스코프(fiberscope)를 발명했다.

1985년에는 '비디오카메라'가 달린 내시경인 비디오스코프(videoscope)가 나와 내시경 검사 장면을 외부 모니터를 통해 실시간으로 볼 수 있게 된다. 오늘날 의사들은 내시경 끝이 아닌 모니터 화면을 보면서 편하게 내시경을 한다. 환자들도 원하면 실시간으로 자신의 속을 볼 수 있다.

1980년대 초에는 '초음파 기구'와 결합한 초음파 내시경(EUS)이 나왔다. 기존 초음파로는 잘 보이지 않는 사각지대에 숨어 있는 췌장과 쓸개 쪽의 작은 병을 찾아내는 데 큰 도움을 주었다. 1997년에는 삼키는 캡슐 내시경이 나왔다.

내시경의 미래는 어떤 모습일까? 지금까지 내시경은 접근성이 점점 좋아지는 쪽, 그리고 치료 기능이 추가되는 쪽으로 진화해왔다. 앞으로 AI 기능을 탑재해 삼키면 진단과 동시에 치료도 하는 캡슐 내시경의 시대를 기대해 볼 수도 있겠다.

함께 생각해 볼 거리

- 우리나라 최초의 X선 촬영기는 1911년에 조선총독부의원에 설치되었다. X선 발견 16년 만이다. 국내 초창기 X선 촬영에 관한 이야기를 찾아보자.
- 영상 장비의 역사를 살펴보면 물리학자, 광학자 등 의학 외부 전문가들의 도움이 컸다. 미래의 의학에 도움을 줄 과학기술 분야는 어떤 것이 있을까?
- 우리 기술로 개발한 국산 MRI는 왜 단종되고 말았을까?

함께 가 볼 곳

- 런던 과학박물관. 초기 CT와 MRI 장비가 전시되어 있다.

16장

치료의 전당, 의학의 신전

병원

빈센트 반 고흐, 〈아를 병원의 병실〉(1889).

"돈이 아니라 환자를 생각하자."

— 런던 옛 성토머스병원 수술장에 걸린 글귀

"심각하게 아프면, 그리고
자기 집에서 치료를 받을 형편이 못 되면 병원에 가야 하는 것이고,
일단 병원에 가면 군대에 간 기분으로 거칠고 불편한 환경을 감수해야 한다."

— 조지 오웰, 〈가난한 자들은 어떻게 죽는가〉

나이 든 환자 중에는 "평생 병원 문턱을 처음 넘었다."라고 말하는 경우가 왕왕 있다. 30년 전에는 병원에서 죽으면 집에서 장례를 치를 수 없다며 임종 전에 억지로 집으로 모시고 간 경우도 많았다. 하지만 지금은 병원에서 태어나고, 병원을 수시로 들락거리고, 병원에서 죽는 것이 너무나도 자연스럽다.

굳이 환자가 아니라 해도 아기를 낳고, 예방을 위한 접종이나 사전 검진도 받는 곳이 병원이다. 그만큼 현대인들에게 병원은 자연스럽다. 심지어는 병원을 유치하겠다고 지방자치단체들까지 팔을 걷고 나설 정도로 병원은 지역의 의료 수준을 가늠하는 잣대가 된다. 병원은 현대 의학의 전당이자 성소에 가깝다. 그렇다면 병원은 언제부터 있었고, 어떤 모습으로 오늘에 이르렀을까?

중세 이전의 병원

일부 인류학자들은 수렵과 채집으로 먹고살았던 선조들이 현대인들보다 더 건강했다고 주장한다. 이런저런 질병에 취약한 현대인들의 어려운 형편을 생각하면 맞는 말일지도 모른다. 하지만 아무리 건강했던 우리 조상들이라 할지라도 일단 아프게 되면 현대인들보다 훨씬 더 빨리 죽었다는 것은 장담할 수 있다.

물론 그 시절에도 병을 치료하는 사람이 있었다. 최초의 '의사'들은 종교적인 힘을 가진 사람이었다. 신이 내린 죄, 죽은 사람의 영혼, 금기를 깬 행동 등을 병을 불러온 원인으로 보았다. 그 시대의 치료사들은 부족의 무당이거나 마법사였고, 환자에게 병이 찾아온 이유를 찾아 주술이나 부적 혹은 약초 등등의 처방을 내렸다. 이런 치료사를 '마법사-의사(witch-doctor)'라고 한다.

문명을 일으킨 고대 국가들도 비슷한 생각을 갖고 있었다. 고대 그리스에서는 병을 치료하는 신이 따로 있었다. 의술의 신은 아폴론과 그의 아들인 아스클레피오스였다. 의술의 신은 아스클레피온이라는 거처(신전)에 머무르는 것으로 여겨졌고, 환자는 그곳을 찾아가 며칠 머물면서 치료를 받았다. 환자를 수용하고 치료한다는 점에서 보면 그곳은 병원이었다.

환자들은 신전에서 잠을 자고, 꿈속에서 아스클레피오스의 신

아스클레피오스 분수의 수(水)치료 포스터. 독일 바바리아(1902).

탁을 받았다. 신전의 사제들은 신탁을 해석해 치료법을 처방했다. 아스클레피온은 대개 온천을 끼고 있었으며, 극장과 도서관도 갖춘 문화 휴양 공간에 가까웠다. 이런 '신전-병원'에서 며칠 푹 쉬면 웬만한 병은 많이 나아지지 않았을까?

반면 히포크라테스로 대표되는 그리스 의사들은 자신들을 자연철학자로 규정하고 신의 손이 아닌 자신들의 손으로 병을 치료한다고 믿었다. 그들은 신전에서 환자를 기다리지 않고 환자의 집으로 찾아가 치료를 했다. 하지만 히포크라테스의 후예들도 의사가 되는 선서를 치료의 신들 앞에서 했다. 초자연적인 힘을 완전히 부정하지 않은 것이다.

정복 국가였던 로마는 군대에 병원이 있었다. 군사력 유지에 의료의 뒷받침이 필요했던 탓이다. 기원전 100년 무렵에 제국 전역에는 군인과 검투사를 치료하는 병원인 발레투디나리움(환자의 집)이 있었고, 기원후 150년경에 군대에는 500~800명의 의사가 있었다. 하지만 민간인을 위한 병원은 없었다.

중세의 병원

기독교의 시대인 중세 유럽에서는 환자를 치료하는 일에 많은 공을 들였다. 예수가 누구보다도 뛰어난 치료자였기 때문이다. 하지만 치유의 능력은 아무나 가질 수 없었다. 신의 뜻을 잘 알고 그대로 실천할 수 있는 신앙심이 깊은 성직자들만이 이런 은사를 베풀 수 있었다. 환자들은 성직자들의 안수(按手)라도 받겠다고 찾아왔고, 교회와 수도원은 그들을 내치지 않고 받아 주었다. 그리고 먹이고, 재우고, 치료해 주었다.

환자들은 사제들의 기도는 물론이고 약초, 영양가 많은 음식, 목욕, 사혈 등의 치료를 받았다. 치료가 잘 통했는지는 모르겠지만, 몸이 구원을 얻지 못했다 해도 생의 마지막 순간에 사제에게 보살핌과 성사를 받는 것은 영혼이 구원받는 무척 중요한 일이었

런던 유니버시티칼리지(UCL)병원.

다. 이런 '수도원-병원'은 7세기에 콘스탄티노플에서 문을 열기 시작해 곳곳으로 퍼져 나갔다. 이슬람 문명권에서도 10세기부터 다마스쿠스, 카이로, 바그다드에 병원이 들어섰다.

13세기에 한센병이 문제가 되자 격리 수용소가 유럽 곳곳에 2만 개가 생겼는데 이후 한센병 환자가 줄자 다른 전염병 환자는 물론이고 정신 질환자도 수용했다. 14세기에는 페스트 환자 역시 수용소에 격리했다. 전염병이 주춤해 자리가 남으면 오갈 데 없는 가난한 사람들도 수용했다.

베네치아, 볼로냐, 피렌체, 나폴리, 로마 등 이탈리아의 대도시에 있는 병원들은 가난한 사람이나 노약자를 돌보는 기능을 착실하게 수행했다. 덕분에 유럽의 병원들은 오랜 세월 질병을 치료하는 곳이라기보다는 가난한 사람들을 수용하는 시설인 '구빈원-병원'이었다.

12~13세기에는 영국의 세인트바솔로뮤병원(1123), 세인트토머스병원(1215)이 문을 열었다. 14세기 말, 영국 전역에는 크고 작은 병원이 500개 있었다. 가톨릭과 척을 진 헨리 8세는 국교회(성공회)를 출범시키면서 가톨릭 재산을 몰수했다. 그 결과 수도원이 문을 닫고 딸려 있던 의료 시설도 폐쇄되었다. 그 자리를 대신해서 종교와 상관없는 병원들이 들어섰다.

근대의 병원

영국과는 달리 가톨릭 국가인 에스파냐와 프랑스, 이탈리아, 그리고 프로테스탄트 국가인 독일에서는 가톨릭의 재산을 몰수할 기회가 없었기에(프랑스는 혁명 후에 잠깐 그런 기회를 얻기도 했다) 교단이 운영하는 병원이 점점 늘어 갔다.

가장 대표적인 곳이 파리의 '오텔디외(신의 집)'로, 프랑스혁명 전까지 교단이 운영한 가장 큰 병원이었다(유명한 외과 의사 파레도 여기에서 일했다). 아울러 17세기 프랑스 전역에 일종의 구빈원인 '오피탈 제네랄'이 생겨 환자, 정신병 환자, 빈민, 고아, 부랑아, 매춘부, 도둑 등을 수용하고 기본적인 의료 서비스를 베풀었다.

거대한 규모의 병원을 세우는 것은 통치자의 위세를 과시하기 좋은 사업도 되었다. 모차르트가 살던 빈에는 1784년에 황제가 2000병상급의 알게마이네 크랑켄하우스를 재건했다. 같은 이유로 베를린의 차리테병원(1768)과 상트페테르부르크의 오부쇼프병원(1779)이 재건되거나 신설되었다.

산업혁명과 도시화를 겪던 18세기 영국 런던에서는 부자들이 돈을 대어 극빈자들을 위한 웨스트민스터병원(1720), 가이스병원(1724), 세인트조지병원(1733), 런던병원(1740), 미들섹스병원(1745) 등의 종합병원을 세웠다. 나중에 위대한 외과 의사 리스터가 일할 에든버러 왕립진료소(1729)도 이 시기에 생겼다. 1800년경에는 영국의 웬만한 도시에는 모두 병원이 있었고, 런던에서만 매년 2만 명 이상이 병원에서 진료를 받았다.

이 시대의 병원들은 우리가 생각하는 병원과는 많은 점에서 달랐다. 지금의 병원들은 호텔 같은 입원실을 갖추어 놓고 부자들의 호주머니를 열려고 애를 쓰지만, 이 시대의 병원은 전적으로 가난한 이들이 입원하는 곳이었다. 더럽고, 비좁고, 심지어는 없던 병도 옮는 곳이었다. 부자들은 널찍하고 깨끗한 집에 의사를 불러들

였다

이때부터 운영비를 기부하는 부자나 권력자들이 서서히 병원의 주도권을 잡으며 종교색을 벗기 시작했다. 의사들도 사제보다 치료를 더 잘한다고 인정받으며 입지를 드높였다. 의사들은 병원 안에서 후계자들을 가르치기 시작했고, 더 나아가 병원 부설 의학교도 세웠다. 병원을 가지지 못한 대학은 학생들을 위한 교육 병원을 세웠다. 런던 유니버시티칼리지병원(1834)과 킹스칼리지병원(1839)이 이 무렵에 신설된 교육 병원이다.

프랑스는 혁명 후 본격적인 '병원 의학' 시대로 접어든다. 의사의 왕진이 줄었고, 환자가 병원에 입원하는 경우가 늘었다. 의사는 입원한 환자를 진찰하고, 기록하고, 진단명을 붙이고, 치료했다. 환자가 죽으면 부검해 의사의 진단과 치료가 맞았는지 확인했다. 틀렸으면 오답 노트(?)를 만들어 같은 실수를 반복하지 않도록 대비했다. 이렇게 파리에서 병원을 중심으로 임상의학이 눈부신 발전을 할 토대를 마련했다.

현대 병원의 출현

프랑스에서는 대혁명 후 한 차례 대격변기를 거쳐 기존의 의대는 모두 폐쇄되었다가 다시 문을 열었다. 내과와 외과가 별개였던 이

전의 의학 교육과정은 잊고 새로이 출범한 프랑스의 의학교는 내과와 외과를 통합해 교육했다.

아울러 만성적인 의료진 부족 현상을 덜려고 고학년 의대생이 직접 병원에 나가 교수이자 선배인 의사들에게 자연스럽게 교육과 훈련을 받고 조수 노릇도 했다. 이렇듯 병원은 학생의 교육과 수련에 필수적인 장소가 되었다.

이 시기의 병원이 중요한 공간으로 인정받기 시작한 것은 수술을 집도할 수 있는 곳이었기 때문이다. 수술의 가장 큰 난제였던 통증과 감염, 출혈이 하나씩 해결되면서, 수술은 이에 대처하기 위한 다양한 장비가 갖추어진 병원에서 받아야만 했다. 아무리 돈이 많은 부자라도 집이 아닌 병원에 와서 수술을 받았고, 수술을 잘하는 곳이 좋은 병원으로 이름을 날렸다. 또 환자를 돌보고 치료하는 간호사의 일 역시 허드렛일이 아닌 전문적인 일로 여겨지기 시작하면서 아픈 사람은 병원에서 치료를 받는 것이 당연해졌다.

20세기에는 수술을 위한 마취 시설과 소독 시설, 진단과 치료를 위한 검사 시설이 모두 병원으로 집중된다. 병원이 아니면 갖출 수 없는 의료 기구와 첨단 장비들이 속속 등장한 것이다. 수혈, 인공호흡 모두 입원해야 받을 수 있었다. 이제 응급 환자들도 일단 구급차에 실려 병원으로 옮겨졌고, 중환자들은 별도의 중환자실로 옮겨져 세심한 치료를 받았다.

환자만이 아니었다. 의사들도 마찬가지로 병원이 필요했다. 이제 제아무리 솜씨 좋고 명민한 의사라도 병원 밖에서는 아무 힘을 쓸 수 없었다. 마취 없이 수술할 수 있을까? 검사 없이 진단을 내릴 수 있을까? 이제 병원은 의료에서 필수 불가결한 치료의 전당이, 의학의 신전이 되었다. 그 신전에서 일하는 의사들은 아스클레피오스의 신탁을 듣고 해석하는 대신 컴퓨터 모니터에 뜬 환자의 MRI 사진이나 각종 검사 결과지를 보고 처방을 내렸다. 아플 때만 신전을 찾던 고대인들과 달리, 현대인은 이 신전에서 태어나고, 자라고, 삶도 마감하게 되었다. 바야흐로 병원 역사의 최전성기다.

우리나라의 병원

명실상부한 조선 최고의 의료 기관은 구중궁궐 속에 있었다. 궁궐 속 내의원(內醫院)에는 최고의 의사와 약사가 상주해 왕과 중신들의 병을 치료했다. 궁궐 밖에 있는 혜민서(惠民署)는 의약 행정기관으로 의약 행정과 일반 서민의 치료를 맡았고, 활인서(活人署)는 빈민과 환자를 구제하고 치료했다. 두 기관은 의료인 양성 교육도 맡았다. 지방 의료는 의약에 관한 일을 관장하던 전의감(典醫監)과 혜민서의 의사들이 담당했다.

1884년에 터진 갑신정변 때 부상을 당해 수술이 필요했던 민영

조선 왕궁의 내의원. 흔히 약방(藥房)으로 불렀다. 창덕궁.

익은 선교사 겸 의사인 호러스 뉴턴 알렌(1858~1932)의 수술로 목숨을 구한다. 이미 서양식 의료 기관의 필요성을 절감했던 조선 정부는 이 인연을 계기로 조선 정부가 세우고 선교회가 운영하는 최초의 '국립' 서양 의료 기관인 제중원(濟衆院)을 출범시켰다.

1899년에 대한제국 정부는 빈민 구제를 위한 광제원(廣濟院)을 설립한다. 동서 의학이 공존했던 이곳에는 의사 열다섯 명(종두의 열 명과 외과의, 한방내과의, 소아과의, 침술의 각 한 명)이 일했다. 1905년에 일본 수중으로 넘어갔고, 1907년에 대한의원에 흡수된다.

대한의원(大韓醫院)은 이름에서 풍기는 분위기와는 달리 일제 통감부가 주도하여 세웠다. 일본인 치료가 목적이었으나 고가의 진료비를 감당할 수 있는 조선인 부자들도 치료를 받을 수는 있었다. 재미난 사실은 가난한 조선 민중이라도 일제의 손아귀에 있는 관청의 추천을 받으면 입원할 수 있었다는 것이다. 이들은 퇴원 후 의무적으로 감상문을 써야 했고, 통감부는 이것을 정치적인 선전에 활용했다. 강점 후에는 조선총독부의원으로 이름을 바꾸고 일본군 소속 의사들이 진료를 맡았다.

지방에는 자혜의원(慈惠醫院)이 있었다. 역시 이름의 풍기는 분위기와는 달리 조선 의병을 진압한 일본군이 주둔지에 만든 병원이다. 의사는 주둔군 소속의 의사였고, 의병 진압이 마무리된 다음에는 조선 민중에 대한 유화적인 정책의 일부로 활용했다. 자혜의원

대한의원(현재 서울대병원 역사박물관).

은 조선 총독이 조선 민중에게 내린 자혜로운 선물이라고 선전했고, 퇴원 후에는 역시 감상문을 제출하는 의무가 있었다. 1942년 전국에 46개가 있었다.

대한의원은 1916년 경성의전 부속병원, 1928년에는 경성제국대학 의학부 부속의원을 거쳐 서울대학교 의과대학 부속병원이 되어 지금도 처음 그 자리에 남아 있다. 지방의 자혜의원은 광복 후에 도립병원, 도립 의료원으로 변신했다.

선교병원들도 1895년부터 1910년까지 전국 각처에서 약 30개가 개원했다. 제중원을 운영했던 기독교 선교회는 1905년에 운영권을 대한제국으로 넘겨줄 수밖에 없게 되자, 1904년에 남대문 밖에 세브란스병원을 세웠다. 이곳을 통해 미국식 의료가 유입된다.

서울에는 경성의전, 제국대학 의학부, 세브란스의전, 경성여의전이, 지방에는 평양의전, 대구의전, 광주의전, 함흥의전이 있었다. 광복 후에는 서울의과대학(경성의전)과 경성대학(경성제국대학) 의학부가 통합하여 국립서울대학교 의과대학으로 출범했다. 나머지 의전은 의대로 승격되어 세브란스의대(연세의대 전신), 서울여의대(고려의대 전신), 경북의대, 전남의대가 되고 이화의대가 출범하여 총 여섯 개 의대가 있었다. 1953년과 이듬해에 각각 부산의대와 가톨릭의대가 출범했고, 1966년에 아홉 번째 의대인 경희의대가 문을 열었다.

전후 복구 시기에 서울의대는 미국의 지원을 받아 현대화를 추진했다. 이와는 별개로 UN 의료 지원단으로 참전했던 스칸디나비아 삼국은 힘을 모아 동대문 인근에 교육 병원을 세워 우리 정부에 넘겨주었다. 1958년에 개원한 이 병원이 국립의료원(지금의 국립중앙의료원)으로 개원 당시에 우리나라는 물론이고 동양 최대 최고의 수준이었다.

국내 최초의 서양식 의료 기관은 1877년에 일본인들이 부산에 세운 제생병원이다. 142년이 지난 2019년 기준으로 우리나라에는

옛 경성의전(지금의 국립현대미술관 서울분관).

약 7만 개의 의료 기관이 있다. 엄청난 성장이다. 하지만 공공 의료 기관은 개수로는 5.7퍼센트, 병상 수로는 10퍼센트이다(2018년 통계). 다른 선진국에 비하면 턱없이 모자라는 현실이다. 코로나19를 겪으며 의료계에는 여러 고비가 있었다. 앞으로도 그 고비가 우리를 기다리고 있을 것이다. 병원의 역사를 돌아보며 우리 의료의 성장 지향점이 올바른지 한번 짚고 넘어가야 할 시점이라고 생각한다.

함께 생각해 볼 거리

- 내가 사는 고장에서 처음으로 생긴 서양식 병원은 무엇인지 알아보자.
- 역사를 살펴보면 치료사의 일을 맡은 사람은 마법사, 사제, 자연철학자, 성직자였다. 근세기에 이르러 과학자가 의사의 일을 한다. 미래에도 이 모습 그대로일까? 어떤 전문가들이 의사의 일을 맡을 수 있을까?

함께 읽을 책

- 서머싯 몸, 《인간의 굴레》. 19세기 의학도를 주인공으로 한 소설. 당시 의료 현장의 모습이 잘 나타나 있다.
- 조지 오웰, 〈가난한 자들은 어떻게 죽는가〉. 1929년에 폐렴에 걸린 오웰이 체험한 파리의 병원 입원기.

함께 가 볼 곳

- 대한의원. 현재 연건동 서울대병원 의학박물관으로 보존되어 있다.
- 내의원. 창덕궁 인정전 서쪽에 있던 내의원(약방). 의사와 약사가 상주하던 의료 시설이었다.
- 가천 이길여 산부인과 기념관. 인천 중구. 1960~1970년대 산부인과 진료 현장을 보존해 놓았다.
- 부산 옛 백제병원. 100년 전에 지어진 병원 건물이 잘 보존되어 있다. 부산역 맞은편에 있다.

사진 및 그림 출처

12쪽, 17쪽, 28쪽, 44쪽, 58쪽, 61쪽, 64쪽, 76쪽, 90쪽, 106쪽, 120쪽, 134쪽, 140쪽, 143쪽, 154쪽, 170쪽, 208쪽, 220쪽, 226쪽, 234쪽, 237쪽, 250쪽 (cc) Wikimedia Commons

15쪽, 23쪽, 30쪽, 34쪽, 84쪽, 111쪽, 114쪽, 145쪽, 148쪽, 163쪽, 165쪽, 173쪽, 192쪽, 196쪽, 207쪽, 253쪽, 255쪽, 261쪽, 263쪽, 265쪽 ⓒ박지욱

31쪽, 51쪽, 55쪽, 93쪽, 95쪽, 126쪽, 176쪽, 178쪽, 240쪽, 241쪽, 243쪽, 246쪽 ⓒ박준영

128쪽 ⓒ 홍근혜

150쪽 ⓒ 김대중

186쪽 ⓒ Sciencephoto Library

202쪽 ⓒ The Board of Trustees of the Science Museum

⊙ 출처 외 사용된 그림의 저작권은 (주)휴머니스트출판그룹에 있습니다.

주

1장 신선한 시체를 구합니다: 인체 해부

1 군트 헤거,《삽화로 보는 수술의 역사》(이룸, 171쪽)

2 로이 포터,《의학 콘서트》(예지, 107쪽)

2장 극장에서 상연된 드라마: 외과 수술

1 토머스 헤이거,《감염의 전장에서》(동아시아, 95쪽)

2 군터 헤거,《삽화로 보는 수술의 역사》(이룸, 395쪽)

3장 피, 석유보다 값진 액체: 수혈

1 하인리히 뵐,《천사는 침묵했다》 중 직접 수혈 장면(창비, 127쪽)

2 요한 볼프강 폰 괴테,《파우스트》1부, 1740절(민음사《파우스트》1, 97쪽)

4장 나와 남을 구별하는 원리: 면역

1 찰스 그레이버,《암 치료의 혁신 면역항암제가 온다》(김영사, 136쪽)

2 율라 비스,《면역에 관하여》(열린책들, 35쪽)

5장 콜레라를 길어 올린 우물: 역학

1 박경리, 《토지》 4편 3장(나남출판 1부 3권, 220쪽)

2 피터 피오트, 《바이러스 사냥꾼》(아마존의 나비, 27쪽)

6장 약한 적은 나를 더 강하게 만든다: 백신

1 이스탄불에 머물던 영국 작가 메리 워틀리 몬태규가 종두법에 관해 쓴 편지(1717).

7장 보이지 않지만 강력한: 미생물과 바이러스

1 제럴드 N. 캘러헌, 《감염》(세종서적, 31쪽)

8장 푸른곰팡이의 비밀: 항생제와 항바이러스제

1 토머스 헤이거, 《감염의 전장에서》(동아시아, 211쪽)

2 최영화, 《감염된 독서》(글항아리, 108쪽)

9장 구급 마차에서 헬리콥터까지: 응급 수송

1 이용각, 《갑자생 의사》(아카데미, 119쪽)

10장 30초의 기적: 손 씻기

1 조지프 리스터가 부친에게 보낸 편지.

2 이그나즈 필리프 제멜바이스가 빈대학교 산부인과 교수에게 보낸 편지.

13장 물질에서 생명으로: 유전학

1 매트 리들리, 《게놈》(김영사, 51쪽)

2 매트 리들리, 위의 책, 96쪽

15장 칼 없이 몸속을 보는 법: 영상의학

1 토마스 만, 《마의 산》에 묘사된 X선 촬영(을유문화사, 상권 415~416쪽)

16장 치료의 전당, 의학의 신전: 병원

1 조지 오웰, 〈가난한 자들은 어떻게 죽는가〉(한겨레출판, 341쪽)

진료실에 숨은 의학의 역사

1판 1쇄 발행일 2022년 2월 7일
1판 2쇄 발행일 2022년 10월 24일

지은이 박지욱

발행인 김학원
발행처 (주)휴머니스트출판그룹
출판등록 제313-2007-000007호(2007년 1월 5일)
주소 (03991) 서울시 마포구 동교로23길 76(연남동)
전화 02-335-4422 **팩스** 02-334-3427
저자·독자 서비스 humanist@humanistbooks.com
홈페이지 www.humanistbooks.com
유튜브 youtube.com/user/humanistma **포스트** post.naver.com/hmcv
페이스북 facebook.com/hmcv2001 **인스타그램** @humanist_insta

편집주간 황서현 **편집** 김해슬 임미영 **디자인** 유주현
조판 이희수 com. **용지** 화인페이퍼 **인쇄·제본** 정민문화사

ISBN 979-11-6080-799-8 43500